全国高职高专规划教材——工学结合教材



# 植物组织培养技术

吴雯雯　主编

中国环境出版社・北京

**图书在版编目（CIP）数据**

植物组织培养技术/吴雯雯主编．—北京：中国环境出版社，2016.5

全国高职高专规划教材．工学结合教材

ISBN 978-7-5111-2786-0

Ⅰ．①植… Ⅱ．①吴… Ⅲ．①植物组织—组织培养—高等职业教育—教材 Ⅳ．①Q943.1

中国版本图书馆 CIP 数据核字（2016）第 090449 号

出 版 人 王新程
责任编辑 孟亚莉
责任校对 尹 芳
封面设计 宋 瑞

出版发行 中国环境出版社
（100062 北京市东城区广渠门内大街 16 号）
网 址：http://www.cesp.com.cn
电子邮箱：bjgl@cesp.com.cn
联系电话：010-67112765（编辑管理部）
010-67112735（第一分社）
发行热线：010-67125803，010-67113405（传真）
印 刷 北京中科印刷有限公司
经 销 各地新华书店
版 次 2016 年 5 月第 1 版
印 次 2016 年 5 月第 1 次印刷
开 本 787×960 1/16
印 张 6.25
字 数 114 千字
定 价 15.00 元

# 编审人员


主　　编　吴雯雯（南通科技职业学院）

副 主 编　邵元健（南通科技职业学院）

参　　编　陆　兵（南通科技职业学院）

　　　　　林祥群（新疆石河子职业技术学院）

# 序　言

工学结合人才培养模式经由国内外高职高专院校的具体教学实践与探索，越来越受到教育界和用人单位的肯定和欢迎。国内外职业教育实践证明，工学结合、校企合作是遵循职业教育发展规律，体现职业教育特色的技能型人才培养模式。工学结合、校企合作的生命力就在于工与学的紧密结合和相互促进。在国家对高等应用型人才需求不断提升的大环境下，坚持以就业为导向，在高职高专院校内有效开展结合本校实际的“工学结合”人才培养模式，彻底改变了传统的以学校和课程为中心的教育模式。

《全国高职高专规划教材——工学结合教材》丛书是一套高职高专工学结合的课程改革规划教材，是在各高等职业院校积极践行和创新先进职业教育思想和理念，深入推进工学结合、校企合作人才培养模式的大背景下，根据新的教学培养目标和课程标准组织编写而成的。

本套丛书是近年来各院校及专业开展工学结合人才培养和教学改革过程中，在课程建设方面取得的实践成果。教材在编写上，以项目化教学为主要方式，课程教学目标与专业人才培养目标紧密贴合，课程内容与岗位职责相融合，旨在培养技术技能型高素质劳动者。

# 前言

《植物组织培养技术》是农业院校一门重要专业课，本书立足于提高农业学院的植物保护、园艺技术、生物技术等专业的学生的组织培养能力来编写。同时，本教材编写体现高职教育对技能型、应用型人才培养的具体要求，贴近高职高专学生知识和能力层次，在内容取舍上不追求理论上的完整性和系统性，不拘泥于大量的理论知识的讲授，章节容量及难易度符合“必需、够用”为力度的要求。内容的深度和广度尽量控制在高职高专教学要求的范围内，以精练为度。

全书共分为绪论部分和六个项目，主要包括植物组织培养实验室设计与设备配置、植物组织培养基本操作、植物脱毒、植物组培苗工厂化生产与管理、花卉组织培养技术和果蔬组织培养技术等。其中绪论、项目一和项目二由吴雯雯编写，项目三和项目四由邵元健编写，项目五由陆兵编写，项目六由林祥群编写。每个项目后都有一定数量的复习思考题，供学生复习巩固本章内容时选用。全书的统稿工作由吴雯雯老师进行，陆兵老师协助。

《植物组织培养技术》参考学习为 50 ~ 60 学时，建议实训 25 ~ 30 学时。

本书在编写过程中得到了各编著者的大力支持，使本教材得以顺利出版，再次表示衷心的感谢!

由于编著水平有限，书中难免有不妥和疏漏之处，恳请广大师生批评指正。

编　者

2016 年 4 月

# 目录

# 植物组织培养概述

**学习目标：**

1．了解组织培养的含义和类型。
2．掌握细胞全能型的概念。
3．了解组织培养的特点和作用。

## 一、植物组织培养的含义和类型

### （一）植物组织的含义

植物组织培养技术是指在无菌条件下，将离体的植物器官（根、茎、叶、花、果实、种子等）、组织（如形成层、花药组织、胚乳、皮层等）、细胞（体细胞和生殖细胞）以及原生质体培养在人工配制的培养基上，并给予适当的培养条件，使其长成完整的植株的过程。用于培养的植物体或一部分器官、组织、细胞、细胞器叫作外植体，并且可以在人工控制的条件下，使其按照人们意愿去分化或产生所需的部分或产物，为人类造福。

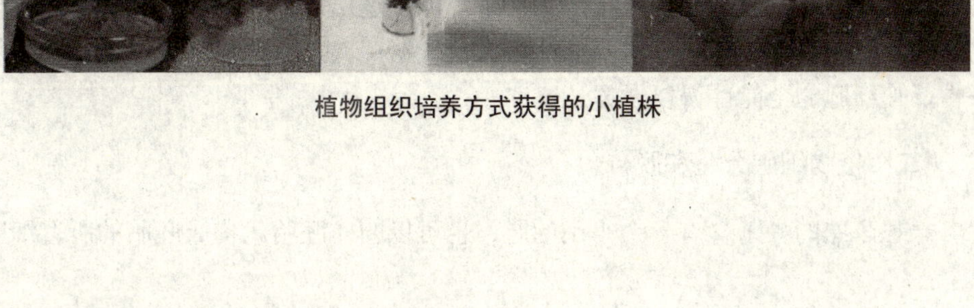

植物组织培养方式获得的小植株

### （二）植物组织培养的类型

植物组织培养可以分为以下5种：

1．植株培养

植株培养是对完整植株材料的培养，如幼苗及较大植株的培养。

2．器官培养

器官培养是对离体器官的培养，根据植物和需要的不同，可以包括分离茎尖、叶片、叶原基、子叶、花瓣、雄蕊、雌蕊、胚珠、胚、子房、果实等外植体的培养。

3．组织或愈伤组织培养

组织或愈伤组织培养为狭义的组织培养，是对植物体的各部分组织进行培养，如茎尖分生组织、形成层、木质部、韧皮部、表皮组织、胚乳组织和薄壁组织等的培养；或是对由植物器官培养产生的愈伤组织（一团形态、结构、功能尚处于未分化状态的具有较强分生能力的薄壁组织细胞）进行培养，二者均通过再分化诱导形成植株。

4．细胞培养

细胞培养是对离体单细胞或花粉单细胞或很小的细胞团的培养。

5．原生质体培养

原生质体培养是对除去细胞壁的原生质体的培养。

组织培养不仅从理论上为相关学科提出了可靠的实验证据，而且成为一种大规模、批量工厂化生产种苗的新方法。

## 二、植物组织培养的基础理论

### （一）植物细胞全能性

植物细胞全能性，是指植物体的每个具有完整细胞核的细胞，都具有该植物体的全部遗传信息和产生完整植株的能力。植物细胞全能性是一种潜在的能力，不管是性细胞还是体细胞，在特定条件下都能表达出来，产生一个完整植株。植物组织和细胞培养就是以细胞全能性为理论依据，人工创造出适合于生长的理想条件，使细胞的全能性得以发挥。

### （二）植物细胞分化和脱分化

一粒成熟的种子含有一个小小的胚，也可以叫作胚胎。构成胚胎的所有细胞基本都保持着未分化状态和旺盛的细胞分裂能力，随着时间的推移，细胞的命运发生不同的变化，形态和功能也发生变化，有的形成叶的细胞，有的形成根的细胞，有的形成茎的细胞，有的保持分裂能力，有的则逐渐失去分裂能力，细胞的这种在形态结构和功能上发生永久性（不可逆转性）适度变化的过程就叫作分化。

把一个已经失去分裂能力、处于分化成熟和分裂静止状态的细胞置于特定的增殖培养基上，使其恢复到分生性状态并进行分裂，形成无分化的细胞团即愈伤组织的现象称为“脱分化”。经过脱分化的细胞如果条件合适，就可以长久保持旺盛的分裂状态而不发生分化。由无分化的愈伤组织细胞再转变成为具有一定结构、执行一定生理功能的细胞团和组织，构成一个完整的植物体或植物器官的现象，称为“再分化”。一个已分化细胞要表达出其全能性，就要经过脱分化和再分化的过程，这就是植物组织和细胞培养所要达到的目的。设计培养基和创造合适培养条件的主要原则就是促使植物组织和细胞完成脱分化和再分化，培养的主要工作就是设计和筛选培养基，探讨和建立合适的培养条件。植物激素对调节细胞脱分化和再分化起重要作用。植物对激素的反应十分敏感，培养基中生长素类和细胞分裂素类的种类、相对比例和绝对量都能直接影响细胞脱分化与再分化的过程，组织培养中常常通过调节激素的种类、浓度和相对比例达到调节分化和再分化的目的。

（三）细胞的再分化和形态（器官、胚）建成

植物细胞脱分化过程的难易程度与植物种类、组织和细胞状态有直接关系。一般单子叶植物和裸子植物比双子叶植物难，成年细胞和组织比幼年细胞和组织难度大，单倍体细胞比二倍体细胞难度大。脱分化后的细胞进行再分化过程有两种不同的形式：一种是器官形态建成，愈伤组织不同部位分别独立形成从生芽，形成的时间不一致；另一种是胚形态建成，在愈伤组织表面或内部形成很多胚状体，也称体细胞胚（体胚）或胚状体，它的生长发育与合子胚相似，成熟胚状体的结构与合子胚相同。在某些情况下，再分化可以直接发生在脱分化的细胞中，其间不需要插入一个愈伤组织阶段，直接分化出芽或根，形成完整植株。

## 三、植物组织培养的特点

植物组织培养从 20 世纪初开始起步，经过 100 多年的发展，如今在理论上是研究细胞学、遗传学、育种学、生物化学和药物学等学科的重要手段，实践上成为农学、园艺、林业和次生代谢产物工程等领域进行工厂化生产的新方法。植物组织培养之所以发展迅速，应用广泛，是由于其具备以下几个特点。

（一）培养材料经济

由于植物细胞具有全能性，通过组织培养手段能使物体的单个细胞、小块组织、部分器官等离体材料经培养获得再生植株。因为培养材料均比较微小，来自单一的植物个体，遗传性高度一致，这在生物学研究上保证了试验材料的高纯度，试验所获得的无性系遗传背景相同，从而可避免许多误差，极大地提高了试验的精度。在生产实践中，因为培养的材料是器官、组织或细胞等，只需微量的原料，取材经济，而靠常规的无性繁殖方法，需要几年或几十年才能繁殖一定数量的苗木，采用植物组织培养方法可在1～2年内生产数万株苗木。这对于新品种的推广和良种复壮更新，尤其是名、优、特、新、奇品种的保存、利用与开发，都有很高的应用价值和重要的实践意义。

（二）培养条件可以人为控制，可连续进行周年试验或生产

植物组织培养的培养材料完全是在人为提供的培养基及小气候环境条件下生长，培养基总的各种成分及温度、光照、湿度等环境条件完全可人为控制，不受季节影响，摆脱了大自然中四季、昼夜的变化及灾害性气候的不利影响，且条件均一，对植物生长极为有利，便于连续、稳定地进行周年试验或生产。

（三）生长快，周期短，繁殖率高

植物组织培养是根据不同植物、不同外植体的需要，提供不同的营养条件和环境条件，培养过程最优化，因此生长快，一般1个月左右就可完成一个生长周期，大大缩短了试验和繁殖周期。虽然植物组织培养需要一定的设备及消耗一定的能源，但由于植物材料能按几何级数繁殖增长，繁殖率高，能及时为生产提供整齐一致的优质无病种苗，这是其他方法无法比拟的。

（四）管理方便，有利于工厂化生产和自动化控制，工作效率高

植物组织培养是在一定场所和环境下，人为提供一定的温度、光照、湿度、营养、激素等条件，进行高度微型化、集约化、精密化的科学试验或生产，有利于生产与管理的自动化控制。它与田间栽培、盆栽、水培、沙培等方法相比，省去中耕除草、浇水施肥、病虫害防治等繁杂的劳动，不仅大大节省人力、物力及土地，而且试验经济，管理精细、方便，一个人可同时做多项试验，因此工作效率大为提高。

## 四、植物组织培养的意义和作用

植物组织培养技术是生物技术体系中的一个重要组成部分，是一种实用的现代化生产技术。学习这门知识和技术，可以说是作为21世纪高素质的生物工程技术人员或生物技术实业家的一种必要准备。

植物组织培养有着广阔的应用前景，从已产生效果的事例来看，大致有以下几个方面的意义和作用。

### （一）培育新品种的有效手段

植物组织培养应用于作物育种，为培养作物优良品种开辟了新途径。

1．花药培养

离体花药—花粉培养的单倍体育种法与常规方法相比，可以在短时间内得到作物的纯系，从而加快育种过程。我国科学家设计的$N_6$花药培养基和马铃薯培养基，不仅在国内得到推广，也被国外采用。据不完全统计，到2011年为止，我国各地花药或花粉培育出的植物已有28科58属190种，取得了较大的成就。已培育出小麦“花培1号”、小麦“京花1号”、水稻“中花1号”等优良品种，并已大面积用于生产。

2．胚培养

在远缘杂交中，杂交后形成的胚珠往往在未成熟状态时就停止生长，不能形成有生活力的种子，因而杂交不孕，这给远缘杂交造成了极大的困难。20世纪20年代，Laibach用胚胎培养技术培养亚麻种间杂种胚，第一个获得杂种植物，这一成功为在远缘杂交时克服杂交不亲和的障碍提供了一项有用技术。这项技术发展至今，已相当成熟，可以说多数植物的成熟或未成熟胚通过培养都可以获得成功。幼胚培养可使约50个细胞大小的极幼胚的胚状结构培育成植株。但胚珠培养的研究不多，单个胚珠培养尚存在许多问题，需深入研究。

3．原生质体培养

细胞融合即细胞杂交，通过原生质体融合，可部分克服有性杂交不亲和，获得体细胞杂种，从而创造新品种或育成优良品种，这是组织培养技术应用中最诱人的。自1972年获得烟草第一个种间体细胞杂种以来，即在多种植物上进行试验，已获得种内、种间和属间杂种植株，但这些杂种尚无实际应用价值。

4．诱变与筛选

在细胞和组织培养进程中，基因型易发生变异，因此，人们采用紫外线、X射线、$\gamma$射线对培养物进行照射，或者在培养基中加入叠氮化合物等，以诱变突变和提高突变频率，产生人们需要的突变体，供筛选培育。我国已筛选出耐盐水稻、烟草、甘蔗的再生植株或细胞系，也筛选出比对照赖氨酸高 56.3%的玉米胚性细胞团，并已部分用于生产。

5. 基因工程的应用

基因工程技术用于生产干扰素、胰岛素等药物，使遗传工程的风暴冲击着植物科学，促使生物学家和生物化学家开展基因工程研究。这项研究如获成功，将克服作物育种中的盲目性，而变成按人们的需要操作作物的遗传变异，育成优良品种，以增加产量和提高品质。

### （二）种质资源保存的有效方法

有人断言，谁掌握了种质资源，谁就掌握了农业的未来。这句话充分强调了种质资源的重要性。种质资源有多方面的作用，如用于作物育种的亲本；用于改造环境，建立合理的生态平衡；用于种植目的的科学研究等。为了某种目的要得到某种植物的人实在太多，事实上不允许每个人都亲自去收集植物。专门做育种工作的机构，就必须做。这是一项耗资、费时的工作，即使认真做，也难免遗失和错漏。例如，要保存 800 个品种的葡萄种质，需占地 1 $hm^2$，而维持费也十分昂贵。要保持像马铃薯这样作物的数百个品种，其难度就更大了。现在可借助试管来保存它们，如将葡萄茎段长成的小植株存放在试管中，温度在 9℃以下，每年只需要转管 1 次。这样，800 个葡萄品种，每个品种重复 6 个，只需要 1 $m^2$ 的场所便可以保存下来。据测算，用此方法至少保存 20 年，估计可以无限制地保存下去。如有需要，随时可将某个或某些品种，按每年 1 200 万株的速度再复制出来。许多观赏植物也可以采用这样的试管繁殖，常低温保存，每年转接 1～2 次即可。

新近迅速崛起的植物组织培养技术，其中的亮点之一便是种质的保存和贮藏，并出现了“组织培养贮藏技术”，也就是用组织培养法来建立“种质银行”或“基因库”。可达到节约大量土地、人力和物力等资源，手续简便，便于运输和交流以及产生和保存无病毒的植物种质资源等效果。

目前，全世界面临着环境污染和热带森林资源的破坏，平均每天有两种以上的植物从地球上消失，这是全人类物种财富的损失。植物组织培养提供了若干方法，使种质资源得以保存，对于挽救珍稀濒危的植物具有积极意义。我国已对国家一级一类保护植物金花茶做了种质资源的保存工作。其他植物也正在研究中，有的已进行试管繁殖，相当于有效地保存。保存起来的种质资源可便于国际、省际、人际间的交流、交换和购买等。

（三）去除病毒、真菌和细菌等病害和无性系的快速繁殖

采用扦插、分株等营养繁殖的各种作物，都有可能感染一种或数种病毒或类病毒。已发现的病毒超过 500 种。长期无性繁殖，使病毒累积，危害加重，观赏植物品种下降，花变小，色泽暗淡，产花少。例如兰花、香石竹、大丽菊和菊花等，都有去除病毒的问题。去除病毒后，植株生长势好，花朵变大，色泽鲜艳，抗逆能力提高，产花数量上升。

通常采用茎尖培养去毒，其原理是在染病毒植株体内，病毒分布并不均等。在生长点病毒含量最低，在分生区内无维管束，病毒扩散慢，加之植物细胞不断分裂增生，所以病毒含量少，在茎尖生长点几乎检测不出病毒。因此，切取茎尖愈小愈好，但太小了不容易培养成活，过大则不能去毒，所以难度高，试材要多，才能选出真正去病毒的幼苗。只要获得少量去毒苗，就可扩大繁殖出来。这种方法也同时去除了真菌、细菌和线虫等。

由于组织培养法繁殖作物的特点是快速，每年可以数以百万倍的速度繁殖，因此对一些繁殖系数低，不能用种子繁殖的珍稀、名优特新作物品种的繁殖，意义尤其重大。

植物组织培养的快速繁殖，就是应用组织培养和细胞培养技术，快速繁衍珍稀濒危植物，使物种得以保存；以及快速繁殖名优特新品种，使其在一定时间内繁衍为一定数量的植株。快速繁殖的植株能保持木本的生物特性和遗传性状，并可在短期内种植于田间。快速繁殖是当前植物细胞工程中应用最广泛、最有效的方法之一。

（四）促进有机物的生产和生理学的研究

当前各地采用组织培养来加速观赏植物和药用植物的繁殖生长已获得巨大的成功，并已投入工厂化生产。我国植物种类繁多，草药的研究和利用具有悠久的历史，但过度采挖某些药用植物资源遭到严重破坏，因此开展药用植物工厂化生产是很有必要的。

利用组织培养方法生产对人类有益的化合物已经研究了 20 多年，现在才达到了实际应用的阶段。目前，不少已进入工厂化的商品生产，如蛋白酶抑制剂、抗病毒物质和抗生素等。有的还在继续研究。

植物组织培养在生理研究方面的作用突出表现在营养生理上。外植体之所以能够成功，最关键的是营养培养基，它为外植体提供了矿质元素、氮源、碳源、有机附加物及植物生长调节物质。这些物质中，有许多是植物离体组织本身不能

合成的。因培养基的相关条件，可让所培养的组织永远处于一种活跃的分生组织状态。

由于组织培养技术日趋成熟和完善，世界各地的植物组织培养研究和产业化应用进入了迅速发展阶段，无论在茎尖（器官）培养、花粉（药）培养、胚胎培养、愈伤组织培养及原生质体培养，乃至细胞器外植和外源基因导入等各方面均有许多成功的报道。并且，在组织培养快速繁殖兰花，发展兰花试管苗工业的引导下，使组织培养技术广泛地走向产业化应用。

总之，组织培养技术是一种新兴技术，它为植物学、植物生理学、植物遗传育种学、胚胎学和解剖学等许多学科研究植物生长发育、抗逆生理、激素及器官发生于胚胎发生等提供了许多良好的试验材料和有效途径。植物组织培养的研究，一方面在理论上可以探讨细胞生长、分化的机制及相关的细胞生理学和遗传学问题；另一方面，在生产上，组织培养中的一些技术，有的已经得到应用（如胚胎培养、茎尖培养等），有的正在利用（如花药培养单倍体等），有的则可能用于生产实践。因此，组织培养近年来越来越多地吸引了农业、生理生化、细胞学、遗传育种专家学者及发酵、医药等工业部门研究者的关注。随着科学技术的发展，组织培养的应用范围将日益扩大，并渗透到农、工、医和人们生活的各个领域中。

## 复习思考题

1．什么是植物组织培养？主要有哪些培养类型？

2．什么是细胞的全能性？

3．简述植物组织培养的特点及其在农业生产中的应用。

# 项目一　植物组织培养实验室设计与设备配置

**学习目标：**

1．掌握植物组织培养实验室的组成。

2．了解植物组织培养实验室常用的仪器和设备。

3．会独立设计植物组织培养实验实训基地，合理配备仪器设备。

## 工作任务1　植物组织培养实验室的组成及设计

要完成整个植物组织培养过程，其工作场地主要包括室内实验室和温室两大部分。组培实验室及温室的面积大小和装备程度取决于工作性质、生产规模及经费条件，用于科研和小规模生产的面积较小，进行大规模工厂化生产的面积较大，也常称为“组培工厂”。不论是实验室还是组培工厂，其建造要求、结构和功能基本相同。植物组织培养室内实验室通常包括准备室、无菌操作室、培养室等。

### 一、准备室

在准备室主要进行一些常规试验操作，如各种药品的贮备、称量、器皿洗涤、培养基配制、培养基和培养器皿的灭菌、培养材料的预处理等。为了方便管理还可将准备室进行适当分区，如划分为药品贮藏室、洗涤室、培养基配制室及灭菌室等。

1．药品贮藏室

主要用于存放各种化学药品，要求室内干燥、通风、避光，应配备药品柜、冰箱等。各类化学试剂应按要求分类存放，需要低温保存的药剂应置于冰箱内保存，有毒药品应按规定存放和保管。

2．洗涤室

用于玻璃器皿和试验用具的洗涤、干燥和存放；培养材料的预处理与清洗；组培苗的出瓶、清洗与整理等。要求有电源、自来水和水槽，上下水道畅通，排水良好，地面耐湿、防滑，便于清洁。应配备工作台、烘箱、晾瓶架、周转筐（塑料或铁制）、毛刷等。

3．培养基配制室

用于培养基的配制，还可分为称量分室和配制分室。药品称量需配备各种规格的天平，包括普通天平和分析天平。培养基配制需要配备工作台、蒸馏水器、电炉（电饭锅或微波炉）、水浴锅、磁力搅拌器、过滤装置、酸度计、分注器、各种试管、三角瓶、烧杯、量筒、吸管、移液管及移液管架以及贮藏母液的冰箱、移动式载物台（医用小推车）、周转筐等。

4．灭菌室

用于培养基、器皿、用具及其他物品的灭菌。灭菌室根据工作量的大小决定其面积的大小，一般控制在 30～50 $m^2$。要求通风、明亮，墙壁和地面应防潮、耐高温。应配备高压电源和供排水设施、高压蒸汽灭菌装置、干热消毒柜或烘箱、细菌过滤装置及移动式载物台、周转筐等。

准备室也可设计成大的通间，使试验操作的各个环节在同一房间内按程序完成，以便程序化操作与管理，从而提高工作效率。此外，还便于培养基配制、分装和灭菌的自动化操作程序设计，从而减少规模化生产的人工劳动，更便于无菌条件的控制和标准化操作体系的建立。

## 二、无菌操作室

无菌操作室也叫作接种室，主要用于植物材料的消毒、接种、培养物的继代转接等无菌操作（图 1-1）。由于植物组织培养时间较长，尤其需防止细菌、真菌污染。因此，接种室内无菌条件控制的好坏直接影响培养物的污染率及接种工作效率等重要指标。接种室面积根据需要和环境控制的难易程度而定，在工作方便的前提下宜小不宜大。室内地面、墙壁、天花板应采用防水和耐腐蚀材料，符合无尘积累要求，易于清洁和消毒；门窗要求密闭性好，一般用滑动门窗，不能安装风扇，通风换气通过空气调节装置进行。无菌室内应安装紫外灯，每周照射 1～2 h，每次使用前照射 10～30 min；定期用甲醛和高锰酸钾（或用臭氧发生器）熏蒸消毒。接种室内应配备超净工作台、灭菌器或酒精灯、酒精瓶及酒精棉球、接种工具、器械支架及移动式载物台等。

接种室外还应设置预备室作为缓冲间，一方面可供操作人员更换工作服、工作帽、拖鞋及器皿准备、培养材料处理等，另一方面还可减少工作人员将外界尘埃、杂菌等污染物直接带入接种室内。缓冲间与接种室之间最好安装塑钢玻璃窗及滑动门，以便观察；而且缓冲间与接种室的门应错开，也不得同时开启，以防止在人员进出时空气对流带入杂菌。缓冲间内应配备鞋架和衣帽挂钩，并备有清洁的工作服、工作帽、口罩及拖鞋；墙顶应安装1～2盏紫外灯，定时照射杀菌。如有条件可设风淋设施（图1-2）。

图1-1 接种室

图1-2 风淋室

## 三、培养室

用于对接种到培养瓶等器皿中的植物离体材料进行控制条件下的培养。培养室内放置培养架，方便操作，并充分利用空间。培养室的大小可根据生产规模和培养基的大小、数目及其他附属物设备而定，其设计以充分利用空间和节省能源为原则。可采取多室设计方式，每个培养室面积不宜过大，为10～20 $m^2$，以满足不同培养材料对环境条件控制的不同要求，也便于对同室内环境条件的均匀控制。室内天花板和内墙最好用塑钢板或瓷砖装修，地面铺设水磨石或瓷砖，以保持室内明亮、平整，并方便清洁和消毒；室内还要安装紫外灯，定时进行杀菌处理。培养室内需安装空调，以控制室内温度，一般要求保持 20～27℃，低于 15℃或高于 35℃对植物的生长不利。培养室的光源一般使用白色日光灯，光周期可采用自动定时器来控制，光照强度一般控制为 1 000～6 000 lx，每天光照时间为 10～16 h。需要大量的暗培养时可增设暗培养室，或使用暗箱培养。培养室内的相对湿度保持在 70%～80%为宜。湿度过高，容易使培养基污染；湿度过低，容易使培养基失水变硬，影响培养物生长。在梅雨季节可利用加湿器来增加湿度，也可采取放置水盆的方法来调节湿度。

## 四、温室

若条件许可，可建立人工气候室及试管苗炼苗用的温室。试管苗移栽必须要有温室，建造温室如用钢架、玻璃成本太高，可用单坡塑料大棚代替，这种大棚在向阳面搭棚，其余三面打墙，以防风保湿，成本低廉。温室的面积依据科研和生产实际情况而定。为了节省投资，降低成本，组织培养实验室不要建得太大。据报道，国外建立私人或家庭组织培养实验室，面积 36～40 $m^2$，每年生产组织培养苗 10 万株，可供数个苗圃地育苗需要（图 1-3）。

图 1-3　育苗圃和温室

# 工作任务2 玻璃器皿的选择与清洗

## 一、玻璃器皿的选择

目前用于植物组织培养的玻璃器皿种类很多，可根据培养目的和要求不同，采用不同种类和规格的玻璃器皿（图 1-4）。

图 1-4 组培瓶

### （一）培养容器

培养容器指用于放入培养基和培养材料进行培养的器皿，要求透光度好，能耐高压蒸汽灭菌。

1．三角瓶

三角瓶又称锥形瓶，是植物组织培养中最常用的培养容器。适用于进行各种培养，如固体培养或液体培养，大规模培养或一般培养。因瓶口小，瓶底大，培养面积大，受光好，不易失水或污染。常用的是 50 ml、100 ml、150 ml 和 300 ml 的规格。

2．果酱瓶或罐头瓶

此类容器常用于试管苗的大量繁殖。成本低，瓶口大，操作方便，透光性好，培养材料生长健壮，已被许多组培工厂大量使用。但培养污染率较高，灭菌和操作要更严格，一般使用 200～500 ml 的规格。生产中应用较多的是 200 ml 的果酱瓶。

3．试管

试管较适用于少量培养基进行研究、接种外植体或进行幼胚培养等的试验。要求管口径大，长度稍短，便于操作。一般选用 20 mm × 150 mm 和 30 mm× 200 mm 规格的试管为宜。

4．培养皿

培养皿适于作单细胞的固体平板培养、胚和花药培养以及无菌发芽。常见的规格为直径 40 mm、60 mm、90 mm 和 120 mm。

5．植物组织培养专用容器

这是一种新型组培专用容器，采用进口高分子 PC（俗称太空玻璃）为主要材料生产，在高压蒸汽灭菌条件下反复使用不易破裂，不变形，使用寿命长，透光率高于玻璃容器。其最大的优点是不易破碎，符合机械化洗瓶要求，利于降低损耗和工厂化生产。

目前，培养容器和制备培养基所需的玻璃器皿逐渐被塑料器皿代替。塑料容器具有质轻、透明、不易破碎、成本低等特点，如培养容器多为平底方盒形，可提高培养空间利用率，并能一层层叠摞起来，从而节约空间。这类塑料制品多是采用聚丙烯材料制成，能耐高温，可进行高压灭菌。有些产品为一次性消耗品，不但可节省洗涤人工，还可节省时间，提高效率。一次性塑料容器或带螺丝帽的玻璃瓶，无须另外配盖，使用时比较方便。瓶口封塞可用多种方法，要具有一定的通气性和密闭性，以防止培养基干燥和杂菌污染。以前封口常用棉塞，但这种封口办法夏季极易污染，且不易保持培养基的湿度。现在多采用聚丙烯塑料薄膜封口，以线绳结扎或橡皮圈箍扎。为了增加通气性，可在里面衬一层硫酸纸或牛皮纸。这样经济方便，且通气好。也可采用专用的封口膜。

### （二）盛装器皿

盛装器皿主要是存放各种试剂和药液。

1．磨口瓶

磨口瓶包括无色和棕色两类。细分为广口瓶、细口瓶，规格有 1 000 ml、500 ml、250 ml、125 ml。广口瓶用于存放试剂，细口瓶用来分装配制好的各种母液。不易保存的母液存于冰箱中低温保存，见光易分解的药品可用棕色瓶保存。

2．滴瓶

盛装一定浓度的酸液或碱液，用于调节培养基的 pH，其中碱液用塑料滴瓶更好。

3．搪瓷锅（盆）或不锈钢锅（盆）

此类器皿用于配制和熬制培养基，研究可用较小的规格，如 1 000 ml 的搪瓷缸或 4 000 ml 的搪瓷锅；生产上要选较大的规格，如 8 000 ml 或更大规格的不锈钢锅较好，可提高劳动效率。

4．烧杯

烧杯规格有 1 000 ml、500 ml、250 ml、125 ml、50 ml，用于配制各种母液和培养基。

（三）计量器皿

计量器皿要求有准确的刻度，以便于在配制各种母液及培养基时能准备定量，减少实验误差。

1．容量瓶

容量瓶规格有 1 000 ml、500 ml、250 ml、125 ml、50 ml，用于配制各种母液时定容。

2．刻度吸管

又称为移液管。规格有 10 ml、5 ml、1 ml、0.5 ml、0.2 ml、0.1 ml，用于吸取各种母液。

3．量筒

量筒规格有 1 000 ml、500 ml、250 ml、100 ml、50 ml、25 ml、10 ml、5 ml，用于配制不同浓度的乙醇和配制培养基时量取大量元素母液。

（四）其他

除以上各种容器外，还应具备一些其他玻璃器皿，如漏斗、称量瓶、玻璃棒等，以便于培养基的制备等工作。

## 二、玻璃器皿的清洗

植物组织培养中对玻璃器皿的清洁程度要求较高，要求将有机物、油脂等污物去掉。

新购置的玻璃器皿或多或少都含有游离的碱性物质，使用前要先用 1%稀 HCl 浸泡 12 h，再用肥皂水洗净，清水冲洗，最后用蒸馏水冲洗 1 遍，晾干后备用。

对于已被污染的玻璃器皿，则必须在 121℃高压蒸汽灭菌 30 min 后，倒去残渣，用清水冲洗。必要时用毛刷刷去瓶壁上的培养液和菌斑，再用清水冲洗干净，浸泡于浓的重铬酸钾洗涤液中，2 h 后取出，用自来水冲洗 3～4 次，再用蒸馏水冲洗 1 遍，晾干备用。清洗后的玻璃器皿，瓶壁应透明发亮，内外壁水膜均一，不挂水珠。

# 工作任务3　常用仪器、设备及其使用方法

## 一、主要仪器设备

1．超净工作台

超净工作台为植物组织培养上最常用、最普及的无菌操作装置。超净工作台有单人式、双人式、开放式和密封式（图 1-5）。

图 1-5　双人单面垂直超净工作台

超净工作台工作效率高，预备时间短，开机 20 min 以后上台操作。在工厂化生产中，接种工作量很大，超净工作台是很理想的设备，一般由三相电机作鼓风功力，功率 145～260 W，将空气通过特制的微孔泡沫塑料片层叠和组成的“超级滤清器”后吹送出来，形成连续不断的无尘无菌的超净空气流，即所谓的“高效的特殊空气”，除去大于 0.3 μm 的尘埃、真菌和细菌等。净空气的流速为 24～30 m/min，足够防止附近空气袭扰而引起的污染，这样的流速也不会妨碍采用酒精灯对器械进行灼烧消毒。工作人员在这样的无菌条件下操作，保持无菌材料在转移转接过程中不受污染。

超净工作台的工作原理是在特定的空间内，室内空气经预过滤器二次过滤，从空气高效过滤器出风面吹出的洁净气流具有一定的和均匀的断面风速，可以排

除工作区原来的空气，将尘埃颗粒和生物颗粒带走，以形成无菌的高洁净的工作环境。因此，超净工作台应防止在空气干净、地面无灰尘的地方，以延长使用期。使用过后，会引起过滤装置堵塞，需要清洗和更换。

2．空调机

用于试管苗培养间和试管苗无菌转接操作间。室温一般要求常年保持在 25℃左右。

3．除湿机

空气湿度要求恒定，一般保持 70%～80%。当空气湿度过高时，可采用小型室内除湿机除湿；当湿度过低时，可采用喷水来增湿。

4．恒温培养箱

用于植物特殊培养。恒温箱内装上日光灯，可进行温度和光照实验。

5．干燥箱

用 80～100℃的温度，迅速干燥洗净的玻璃器皿。也可以用 160～180℃的温度进行 1～3 h 高温干热灭菌。

6．高压蒸汽灭菌锅

高压蒸汽灭菌锅用于培养基器械的消毒灭菌，有大型卧式、中型立式和小型手提式等多种，可根据生产量选用。生产量大的选用大型卧式消毒灭菌锅，一次消毒培养基 20 kg，工作效率高。小型手提式消毒灭菌锅使用方便灵活，用于无菌操作转接试管苗工具的消毒灭菌（图 1-6、图 1-7）。

图 1-6 手提式高压灭菌锅

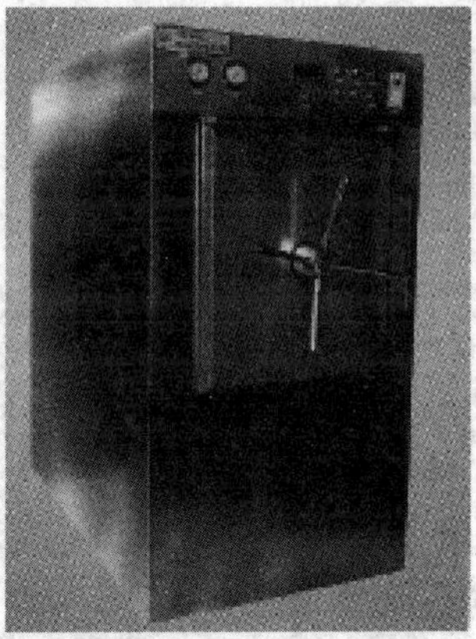

图 1-7 卧式高压消毒灭菌锅

7．冰箱

有普通冰箱、低温冰箱等，用于在常温下易变性或失效的试剂和母液的贮藏、细胞组织和实验材料的冷冻保藏，以及某些材料的预处理。

8．天平

感量为 0.000 1 g 的电子分析天平：用于称量微量元素、植物激素以及微量附加物等。

感量为 0.01 g 的电子天平：用于称量大量元素、蔗糖和琼脂等。

9．显微镜

显微镜包括双目显微镜（解剖镜）、生物显微镜、倒置显微镜和电子显微镜，用于进行培养时期的观察、分析。

10．水浴锅

水浴锅用来溶解难溶药品、熔化琼脂和保温。

11．摇床和转床

在液体培养中，为了改善浸于液体培养基中的培养材料的通气状况，可用摇床（振荡培养机）来振动培养容器。转床（旋转培养机）也用于液体培养。

12．酸度计

用于调节培养基和酶制剂的 pH。常用半导体小型酸度测定仪，也可用精密的 pH 5.4～7.0 试纸。

## 二、接种用具

1．镊子

镊子用于接种和转移植物材料（图 1-8）。

2．剪刀

常用的有解剖剪和弯头剪，一般用于转移植株（图 1-9）。

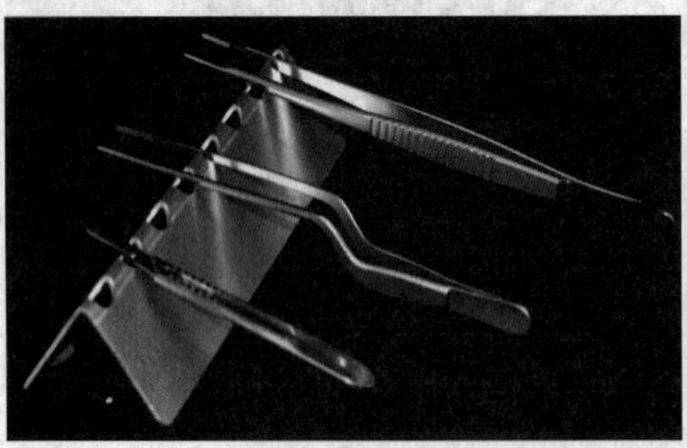

图 1-8　镊子

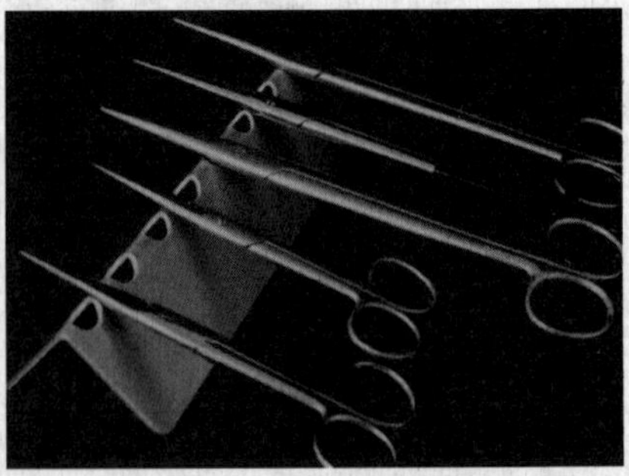

图 1-9　剪刀

3．解剖刀

常用的解剖刀有长柄和短柄两种，用于培养材料的解剖。

4．接种工具

包括接种针、块茎、肉质根内部的组织时使用。钻孔器一般是“T”形，口径有各种规格。

### 三、其他用具

电炉、微波炉、大型塑料桶、搪瓷盘（接种盘）或塑料筐等。

## 复习思考题

1．图示说明植物组织培养实验室的组成及功能。

2．植物组织培养实验室需要哪些基本设备和常用器皿、器械？

## 实训 1-1　植物组织培养实验室参观及常用仪器的构造及使用

### 一、目的要求

1．熟悉组织培养室的各功能室构成及其规划。

2．一般掌握组织培养常用仪器设备的结构与维护。

3．熟练掌握常用仪器设备的正确使用方法。

### 二、常用仪器设备

超净工作台、空调、蒸馏水发生器、高压蒸汽灭菌器、冰箱、电热水器、微波炉、电炉、显微镜、电子分析天平、恒温箱、烘箱等设备，各种培养器皿、分注器、各种实验器皿、各种器械用具等。

### 三、方法步骤

1．参观组织培养室

由组织培养中心负责人或指导老师带领参观并讲解各功能室的功用。参观时注意卫生及参观秩序。

2．主要仪器设备的使用

实验员讲解各种仪器设备和器皿用具的名称与用途。

## 四、作业

1. 简述上述各仪器的结构。
2. 说明上述各仪器的使用方法与注意事项。
3. 画出家庭式组织培养室的规划草图。

# 实训 1-2　组织培养室无菌条件的创造与保持

## 一、目的要求

1. 培养学生的劳动观念，确立组织培养的无菌意识。
2. 掌握组织培养实验室的消毒方法。

## 二、材料与用具

2%新洁尔灭、高锰酸钾、甲醛、70%酒精、扫帚、拖把、喷雾器、提桶、缸、水桶、工作服、口罩和手套等。

## 三、方法步骤

1. 打扫卫生

2. 地面、墙壁和工作台的消毒用 2%新洁尔灭喷雾

（1）配方。每 1 000 ml 取新洁尔灭原液 20 ml 加水 980 ml，配成 2%新洁尔灭溶液。

（2）具体做法。将配好的 2%新洁尔灭溶液倒入塑料提桶内。一人把喷雾器的主体插入溶液中，并加压，另一人握着喷雾器的喷杆均匀地喷雾。

（3）注意。①喷雾时墙壁、角落、地面喷雾要均匀，不要遗漏。②要注意安全，在喷房顶时，要特别小心，防止药液雾滴掉入眼睛。

3. 无菌室和培养室的消毒

用甲醛和高锰酸钾熏蒸，一年中熏蒸一两次。

（1）配方。每立方米空间用甲醛 10 ml 加高锰酸钾 5 g 的配比进行熏蒸。

（2）具体做法。首先房子要密封，然后在房子中间放一口缸，将称好的高锰酸钾放入缸内，再把已称量的甲醛溶液慢慢倒入缸内，完毕，人迅速离开，并关上门，密封 3 d。注意：①操作前要戴好口罩及手套。②倒入甲醛时要小心，因为甲醛遇到高锰酸钾会迅速沸腾，并产生大量烟雾。操作时人要避开烟雾。③3 d

后，开启房间，搬走废液缸，清洁地面。

（3）在已经熏蒸的房间里用 70%酒精纱布擦洗培养架、玻璃台面及工作台。

（4）用紫外灯照射 20～30 min。

（5）使用前再用 70%酒精喷雾，使空间灰尘落下。

## 四、作业

请写出组织培养实验室的消毒过程与注意事项。

# 项目二　植物组织培养基本操作

**学习目标：**

1．掌握植物组织培养基配方的组成。

2．掌握组织培养基配制与灭菌原理。

3．掌握植物组织培养无菌操作的原理。

4．会使用各种灭菌技术。

5．掌握初代培养、继代培养和生根培养技术要点。

6．理解污染、褐变、玻璃化发生的机理和原理。

## 工作任务 1　培养基的配制和灭菌

培养基是离体植物（外植体）赖以生长、分化的基础，是根据植物的需求，人工配制的含有各种营养成分的营养液。植物组织培养的成功与否，除了培养材料本身的因素外，很大程度上取决于培养基的选择。不同的植物材料对培养基的要求不同，因而必须根据不同的植物材料以及不同的培养目的选择合适的培养基，并按照不同的培养阶段加入适当的添加物。作为主要碳源的蔗糖、支撑物琼脂的浓度及培养基的 pH 都会影响外植体和培养材料的生长和发育。培养基中含有各种有机物，很容易受到微生物的污染，因此培养基配制完成后一定要及时进行灭菌处理。

### 一、培养基的营养成分

培养基是外植体生长的营养物质，通常有两个组成部分。一是基本培养基，包括大量元素和微量元素（无机盐类）、维生素、氨基酸和无菌水等。迄今为止，基本培养基已有几百种，但常用的仅一二十种，如 MS、White、Nitsch、$N_6$、$B_5$ 等基本培养基。二是附加物质，即在基本培养基的基础上，根据实验要求，附加一些物质。如添加各种植物生长调节物质以及其他的复杂有机附加物，包括有些成分尚不完全清楚的天然提取物，如椰乳、香蕉汁、番茄汁和酵母提取液等。

1．无机盐

无机盐可为植物生长发育提供必需的化学元素。在植物组织培养时，各种营养物质主要是从培养基中获得，如 O、H 从水中得到，矿质元素由适量的无机盐类物质提供。培养基中除了 C、H、O 元素外，还有矿质元素，包括 N、P、K、Ca、Mg 等大量元素和 Fe、Mn、Zn、Cu、B、Mo、Co 等微量元素。

（1）大量元素。大量元素常占植物体干重的万分之几或百分之几，在矿质营养中氮（N）是最重要的。一般用硝态氮或氨态氮，即无机氮在培养基中有两种供应方式，一种是硝酸盐；另一种是铵盐。当作为唯一的氮源时，硝酸盐的作用较铵盐好，但在单独使用硝酸盐时，培养一段时间后培养基的 pH 会向碱性方向偏移。因此，培养基中含有硝酸盐比含有铵盐为好。磷（P）对植物生命活动具有十分重要的作用，缺 P 时蛋白质含量降低。K、Ca、Mg、S 等元素能影响植物组织酶的活性，决定着新陈代谢的过程。

（2）微量元素。微量元素主要包括 Fe、Mn、Zn、Cu、B、Mo、Co、B 等多种元素。微量元素在植物体内含量占干重的 0.01%以下，植物对这些元素的需要量甚微，稍多即会发生毒害，但是它们却对植物组织的生命活动有重要作用。如 B 影响蛋白质的合成和受粉受精；Cu 有促进离体根生长的作用；Mn 与呼吸作用和光合作用有关。

（3）铁盐。铁（Fe）盐是用量较多的一种无机盐类物质，对植物组织叶绿素的合成和延长生长起重要作用。铁元素不易被植物直接利用和吸收，因此，通常以 $FeSO_4 \cdot 7H_2O$、$Na_2$-EDTA（螯合剂）配制成螯合物用于培养基中。早期配方曾采用硫酸铁，后用氯化铁代替硫酸铁，但它们都不是理想的铁的供应源。在根培养时，接种后一周，采用氯化铁的培养基的 pH 就由 4.9～5.0 偏移到 5.8～6.0，根即开始出缺铁症。与根不同，愈伤组织由于能分泌与铁离子相结合的天然螯合物，可以在一定程度上利用铁盐。为了保证铁元素的稳定供应，现行培养基中几乎都采用 Fe-EDTA 形态的铁盐。

2．有机化合物

有机化合物主要包括碳源（能源）、维生素类、氨基酸及其他有机附加物。

（1）碳源。植物本来能够进行光合作用，合成碳水化合物，不需要从外部供给糖。可是植物组织在离体后，由于没有叶绿体或只有发育不良的叶绿体，依靠自养作用制造的碳水化合物难以满足自身需求，必须从培养基中吸收碳水化合物（糖类）才能维持其生长和发育。糖除了在培养基中提供培养物所需的碳骨架和能源外，还可在一定程度上调节培养基的渗透压。

碳源物质包括糖类物质、醇类物质和有机酸，以糖类物质最为重要。一般来说，蔗糖是最好的碳源，它具有受热易变的性质，经高压灭菌后，大部分分解为D-葡萄糖、D-果糖，只剩下部分的蔗糖，这更有利于吸收和利用。此外，也可以直接利用果糖、葡萄糖、麦芽糖、纤维二糖等，也有利用多糖类的可溶性淀粉和糊精以及果胶的报道。

糖的最适宜的浓度根据培养目的不同而不同，常用的糖浓度为 2%～5%。糖的浓度不只是对细胞的增殖有作用，同时也是影响细胞分化的因素之一。

（2）维生素类。维生素直接参加生物催化剂即酶的形成，以及蛋白质、脂肪的代谢等重要生命活动。完整植株是能够制造维生素的，但是离体组织却不能合成足够的维生素，因此，必须另外补加，为了能使植物组织正常生长，在培养基中常常附加一种以上的维生素。常用的维生素的浓度为 0.1～1.0 mg/L。其中盐酸硫胺素（维生素 $B_1$）也有较好的作用。虽然有的培养基需加反酸钙（维生素 $B_6$）、生物素（维生素 H）以及抗血酸（维生素 C），但它们并不是普遍的限制因子，添加肌醇能改善培养植物的生长状况，促进活性物质发挥其作用，从而使培养的组织快速生长，对胚状体及芽的形成有良好的效应，在培养基中加入 1.0 mg/L 的肌醇就足以影响维生素 $B_1$ 的效应。此外，在组织培养中经常用的还有泛酸和叶酸等。

（3）氨基酸。氨基酸是蛋白质的组成成分，也是一种有机氮源。常用的氨基酸有甘氨酸、酰胺类物质（如谷氨酰胺、天冬酰胺），有时还加谷氨酸、半胱氨酸、丝氨酸、精氨酸和酪氨酸，以及多种氨基酸的混合物（如水解酪蛋白、水解乳蛋白）等。

（4）天然复合物。天然复合物的成分比较复杂，大多数含有氨基酸、激素、酶等一些复杂化合物。它对细胞和组织的增殖与分化有明显的促进作用，但对器官的分化作用不明显。由于其对一些难培养的材料有特殊作用，所以在一些实验室中经常应用。常用的天然复合物有椰乳、玉米胚乳、香蕉汁、马铃薯汁、水解乳蛋白、酵母提取物、麦芽提取物、苹果汁等。由于它们是天然有机物，其成分往往不一，这些差异将会影响实验的重复性。如有可能，应尽量使用可定量的合成有机物，避免使用这些天然物质。特别是新的生长调节物质不断产生，更缩小了天然复合物的使用范围。

（5）植物生长调节物质。植物生长调节物质是培养基中不可缺少的成分，对外植体的生长和分化起着决定性作用，其中影响较显著的植物生长调节物质主要是生长素类和细胞分裂素类物质。生长素类物质影响茎尖和节间的伸长、向性、顶端优势、叶片脱落和生根等过程。在组织培养中生长素被用于诱导细胞的分裂和根的分化。生长素类中的吲哚乙酸（IAA）由于较易被氧化，因此常用的是 2,4-二氯苯氧乙酸（2,4-D）、萘乙酸（NAA）、吲哚丁酸（IBA）。诱导愈伤组织可用

2,4-D、NAA，诱导生根用 IBA 效果较好。使用浓度因生长素种类而异，2,4-D 的作用比较剧烈，使用的浓度范围较窄，NAA 和 IBA 的使用浓度可以高些。

细胞分裂素类物质在组织培养中的主要作用是促进细胞分裂和分化，诱导胚状体和不定芽的形成，延缓组织的衰老并增强蛋白质的合成。细胞分裂素还能显著改变其他植物生长调节物质的作用。因此，在培养基中加入细胞分裂素可促进植物细胞的分裂和不定芽的形成，打破顶端优势形成丛生芽，有利于芽的增殖，常用于继代和增殖培养。

3．培养基的 pH

所谓培养基的 pH，就是培养基的酸碱度。酸碱的程度是用溶液中氢离子浓度的负对数值来表示的。培养基的 pH 因培养材料的不同而有差异。大多数植物适宜的 pH 为 5.6～6.0。培养基 pH 还会影响培养基的凝固状况，一般 pH 呈酸性较低时，培养基凝固较差，需要较多的琼脂才能凝固，反之，pH 呈碱性过高时，培养效果较好。

4．其他成分

在培养基中往往因培养目的以及培养植物材料的不同而加入一些其他成分。目前较常见的有活性炭、抗生素类、抗氧化剂、诱变剂、生长抑制剂等。

## 二、常用培养基的配方及其特点

选择合适的培养基是植物组织培养成功的基础。根据营养水平不同，培养基分为基本培养基和完全培养基。完全培养基是在基本培养基（就是通常所称的培养基）的基础上，根据试验的不同需要，附加一些物质，如植物生长调节物质和其他的有机附加物等。

### （一）几种常见培养基的配方

组织培养中常用的培养基主要有 MS、White、$N_6$、$B_5$、Nitsch 和 SH 等。它们的配方如下（表 2-1）。

**表 2-1　常见培养基配方表**

| 化合物名称 | MS（1962） | White（1943） | $N_6$（1974） | $B_5$（1968） | Heller（1953） | Nitsch（1972） | Miller（1967） | SH（1972） |
|---|---|---|---|---|---|---|---|---|
| $NH_4NO_3$ | 1 650 | — | — | — | — | 720 | 1 000 | — |
| $KNO_3$ | 1 900 | 80 | 2 830 | 2 527.5 | — | 950 | 1 000 | 2 500 |
| $(NH_4)_2SO_4$ | — | — | 463 | 134 | — | — | — | — |

| 化合物名称 | MS（1962） | White（1943） | $N_6$（1974） | $B_5$（1968） | Heller（1953） | Nitsch（1972） | Miller（1967） | SH（1972） |
|---|---|---|---|---|---|---|---|---|
| $NaNO_3$ | — | — | — | — | 600 | — | — | — |
| KCl | — | 65 | — | — | 750 | — | 65 | — |
| $CaCl_2 \cdot 2H_2O$ | 440 | — | 166 | 150 | 75 | 166 | — | 200 |
| $Ca(NO_3)_2 \cdot 4H_2O$ | — | 300 | — | — | — | — | 347 | — |
| $MgSO_4 \cdot 7H_2O$ | 370 | 720 | 185 | 246.5 | 250 | 185 | 35 | 400 |
| $Na_2SO_4$ | — | 200 | — | — | — | — | — | — |
| $KH_2PO_4$ | 170 | — | 400 | — | — | 68 | 300 | — |
| $K_2HPO_4$ | — | — | — | — | — | — | — | 300 |
| $FeSO_4 \cdot 7H_2O$ | 28.7 | — | 27.8 | — | — | 27.85 | — | 15 |
| $Na_2$-EDTA | 37.3 | — | 37.3 | — | — | 37.75 | — | 20 |
| Na,Fe-EDTA | — | — | — | 28 | — | — | 32 | — |
| $FeCl_3 \cdot 6H_2O$ | — | — | — | — | 1 | — | — | — |
| $Fe_2(SO_4)_3$ | — | 2.5 | — | — | — | — | — | — |
| $MnSO_4 \cdot 4H_2O$ | 22.3 | 7 | 4.4 | 10 | 0.01 | 25 | 4.4 | — |
| $ZnSO_4 \cdot 7H_2O$ | 8.6 | 3 | 1.5 | 2 | 1 | 10 | 1.5 | — |
| Zn（螯合物） | — | — | — | — | 0.03 | — | — | 10 |
| $NiCl_2 \cdot 6H_2O$ | — | — | — | — | — | 0.025 | — | — |
| $CoCl_2 \cdot 6H_2O$ | 0.025 | — | — | 0.025 | 0.03 | — | — | — |
| $CuSO_4 \cdot 5H_2O$ | 0.025 | — | — | 0.025 | 0.03 | — | — | — |
| $AlCl_3$ | — | — | — | — | — | 0.25 | — | — |
| $M_OO_3$ | — | — | — | — | — | — | — | — |
| $Na_2MoO_4 \cdot 2H_2O$ | 0.25 | — | — | 0.25 | — | — | — | — |
| $TiO_2$ | — | — | — | — | 0.01 | 10 | 0.8 | 1.0 |
| KI | 0.83 | 0.75 | 0.8 | 0.75 | 1 | — | 1.6 | 5.0 |
| $H_3BO_3$ | 6.2 | 1.5 | 1.6 | 3 | 125 | — | — | — |
| $NaH_2PO_4 \cdot H_2O$ | — | 16.5 | — | 150 | — | — | — | — |
| 烟酸 | 0.5 | 0.5 | 0.5 | 1 | 1.0 | — | — | 5.0 |
| 盐酸吡哆醇 | 0.5 | 0.1 | 0.5 | 1 | — | — | — | 5.0 |
| 盐酸硫胺素 | 0.1 | 0.1 | 1 | 10 | — | 100 | — | 0.5 |
| 肌醇 | 100 | — | — | 100 | — | — | — | 100 |
| 甘氨酸 | 2 | 3 | 2 | — | — | — | — | — |

### （二）几种常用培养基的特点

1．MS 培养基

MS 培养基是 1962 年 Murashige 和 Skoog 为培养烟草材料而设计的。它的特点是无机盐的浓度高，具有高含量的氮、钾，尤其是硝酸盐的用量很大，同时还有一定数量的铵盐。这使得它营养丰富，不需要添加更多的有机附加物，就能满足植物组织对矿质营养的要求，有加速愈伤组织和培养物生长的作用，当培养物久不转移时仍可维持其生存。故这是目前应用最广泛的一种。

2．White 培养基

White 培养基又称 WH 培养基，是 1943 年 White 设计的，1963 年做了改良。其特点是无机盐浓度较低。它的使用也很广泛，无论是生根培养还是胚培养或一般组织培养都有很好的效果。

3．$N_6$ 培养基

$N_6$ 培养基是 1974 年由我国的朱至清为水稻和谷类作物花药培养而设计的。其特点是 $KNO_3$ 和$(NH_4)_2SO_4$ 含量高，不含钼。目前在国内已广泛应用于小麦、水稻及其他植物的花粉和花药培养。

4．$B_5$ 培养基

$B_5$ 培养基是 1968 年 Gamborg 等设计的。它的主要特点是含有较低的铵盐，较高的硝酸盐和盐酸硫胺素。铵盐可能对不少培养物的生长有抑制作用，但它适用于有些植物如双子叶植物，特别是木本植物的生长。

5．SH 培养基

SH 培养基是 1972 年由 Schenk 和 Hidebrandt 设计的。它的主要特点与 $B_5$ 培养基相似，不用$(NH_4)_2SO_4$，而改用 $NH_4H_2PO_4$，是矿质盐浓度较高的培养基。在不少单子叶植物和双子叶植物上使用效果很好。

6．Miller 培养基

Miller 培养基与 MS 培养基比较，无机元素用量减少 1/3～1/2，微量元素种类减少，无肌醇。

## 三、培养基的配制

### （一）母液的配制和保存

培养基中的成分较多，有些成分用量很小，如果每次配制时都进行分别称量，既费时又增加了多次称量的误差。因此，在植物组织培养工作中，对常用的培养基一般先将各种药品配制成浓缩一定倍数的母液，贮存在冰箱中，使用时再按比例稀释混合。这样操作比较方便，并且可减少误差，提高精确度。

1．基本培养基母液

配制方法常有两种：一是可以将培养基的每种成分配成单一化合物的母液，便于配制不同种类的基本培养基时使用；二是配成几种不同的混合溶液，这样在配制同一种培养基时更省时、省力。

若按混合溶液方法配制基本培养基母液时，要根据药性的化学性质分组，应该将 $Ca^{2+}$与 $SO_4^{2-}$、$Ca^{2+}$与 $PO_4^{3-}$放在不同的母液中，以免发生沉淀。铁盐也需要单独配制，一般采用 $FeSO_4 \cdot 7H_2O$ 与 $Na_2$-EDTA 通过加热形成稳定的螯合物形式，以避免 $Fe^{2+}$、$Fe^{3+}$与其他化合物反应产生沉淀。以 MS 培养基配制为例，配成大量元素、微量元素、钙盐、铁盐、有机成分等母液（表 2-2）。

表 2-2　MS 培养基的配制

| 母液名称 | 化合物名称 | 原配方量/mg | 扩大倍数 | 称取量/mg | 母液体积/ml | 配 1 L 培养基移取量/ml |
|---|---|---|---|---|---|---|
| 大量元素母液 I | $NH_4NO_3$ | 1 650 | 50 | 82 500 | 1 000 | 20 |
| | $KNO_3$ | 1 900 | | 95 000 | | |
| | $KH_2PO_4$ | 170 | | 8 500 | | |
| 大 II | $MgSO_4 \cdot 7H_2O$ | 370 | 50 | 18 500 | 1 000 | 20 |
| 大 III | $CaCl_2 \cdot 2H_2O$ | 440 | 50 | 22 000 | 1 000 | 20 |
| 微量元素母液 | $MnSO_4 \cdot 4H_2O$ | 22.3 | 50 | 2 230 | 1 000 | 20 |
| | $ZnSO_4 \cdot 7H_2O$ | 8.6 | | 860 | | |
| | $CoCl_2 \cdot 6H_2O$ | 0.025 | | 2.5 | | |
| | $CuSO_4 \cdot 5H_2O$ | 0.025 | | 2.5 | | |
| | $H_3BO_3$ | 6.2 | | 620 | | |
| | $Na_2MoO_4 \cdot 2H_2O$ | 0.25 | | 25 | | |
| | KI | 0.83 | | 83 | | |
| 铁盐母液 | $FeSO_4 \cdot 7H_2O$ | 28.7 | 100 | 3 730 | 1 000 | 10 |
| | $Na_2$-EDTA | 37.3 | | 2 780 | | |
| 有机物母液 | 烟酸（Vpp） | 0.5 | 100 | 50 | 1 000 | 10 |
| | 盐酸吡哆醇（$VB_6$） | 0.5 | | 50 | | |
| | 盐酸硫胺素（$VB_1$） | 0.1 | | 10 | | |
| | 肌醇 | 100 | | 10 000 | | |
| | 甘氨酸 | 2 | | 200 | | |

2．激素母液

每种激素必须单独配成母液，浓度一般配成 1 mg/ml。用时根据需要取用。因为激素用量较少，一次可配成 50 ml 或 100 ml。另外，多数激素难溶于水，要先溶解可溶性物质，然后才能加水定容。它们的配法如下：

（1）将 IAA、IBA、GA 等先溶于少量 95%酒精中，再加水定容到一定浓度。

（2）NAA 可先溶于热水或少量 95%酒精中，再加水定容到一定浓度。

（3）2,4-D 可用少量 1 mol/L NaOH 溶液溶解后，再加水定容到一定浓度。

（4）将 KT 和 BA 先溶于少量 1 mol 的 HCl 中，再加水定容至所需浓度。

（5）将玉米素先溶于少量 95%酒精中，再加热水稀释到一定浓度。

配制好的母液瓶上应分别贴上标签，注明母液名称、浓度、配制日期，并低温保存。贮藏期间如发现有霉菌污染或有沉淀、结晶产生，就必须丢弃不用。

### （二）培养基的配制

1．准备工作

准备好需要的各种器物并放于指定位置，称量好琼脂、蔗糖，准备好蒸馏水，熔化琼脂。

2．培养基的制作

按要求量取各种母液，加入到适量的蒸馏水中，混合后倒入熔化的琼脂中，再放入蔗糖，定容至需要的体积，最后调节 pH。

3．培养基的分装

培养基要趁热分装，分装的方法有虹吸式分注法、滴管法及烧杯直接分注法。培养基的量应占培养容量的 1/5～1/3。分注好后，尽快灭菌。

4．培养基的灭菌

采用湿热灭菌法，一般灭菌时间在 20 min 左右，灭菌时间过长，培养基中的有机物会分解，培养基变酸，难以凝固，过短，则达不到灭菌目的。

注意：许多生长调节物质及抗生素遇热不稳定，不能进行高压灭菌，必须采用过滤灭菌。

5．培养基冷却凝固

培养基取出后根据需要选择保持平面或放置斜面。使用前最好预陪养 3 d，确保使用安全。培养基保存于 10℃以下较好，放置时间不宜太长，含 IAA 或 GA 的培养基应在一周内完成，其他的培养基也不要超过一个月。

## 工作任务2 初代培养

初代培养是指从植物体上切取离体材料所进行的最初阶段培养。初代培养的目的是建立离体培养体系，即获得无菌材料和建立无性繁殖系。建立高效、稳定的离体培养体系是植物组织培养的基础和关键环节。

### 一、外植体的选择

外植体是组织培养中的各种接种材料，包括植物体的各种器官、组织、细胞和原生质等。一般裸子植物多采用幼苗、芽、韧皮部细胞，被子植物采用胚、胚乳、子叶、幼苗、茎尖、根、茎、叶、花药、花粉、子房和胚珠等各个部分。因此，外植体的选择需要从植物品种、适当的时期、大小、外植体来源、消毒难易等方面予以考虑。

1. 选择优良的种质及母株

无论是离体培养繁殖种苗还是进行生物技术研究，培养材料的选择都要从主要的植物入手，选取性状优良的种质、特殊的基因型和生长健壮的无病虫害植株。尤其是进行离体繁殖，只有选取优良的种质和基因型，离体快繁出来的种苗才有意义，才能转化成商品；生长健壮无病虫害的植株及器官或组织代谢旺盛，再生能力强，培养后容易成功。

2. 选择适当的时期

植物组织培养选择材料时，要注意植物的生长季节和生长发育阶段，对大多数植物而言，应在其开始生长或生长旺季采样，此时材料内源激素含量高，容易分化，不仅成活率高，而且生长速度快，增殖率高。若在生长末期或已进入休眠期时采样，则外植体可能对诱导反应迟钝或无反应。花药培养应在花粉发育到单核靠边期取材，这时比较容易形成愈伤组织。

3. 选择适宜的大小

培养材料的大小根据植物种类、器官和目的来确定。在通常情况下，快速繁殖时叶片、花瓣等面积为 5 $mm^2$，其他培养材料的大小为 0.5～1.0 cm。如果是胚胎培养或脱毒培养的材料，则应更小。材料太大，不易彻底消毒，污染率高；材料太小，多形成愈伤组织，甚至难以成活。

4. 外植体来源要丰富

为了建立一个高效而稳定的植物组织离体培养体系，往往需要反复实验，并要求实验结果具有可重复性。因此，就需要外植体材料丰富并容易获得，一般从野外或温室中选取生长健壮的无病虫害的植株或组织作外植体，离体培养容易成功。最好对所要培养的植物各部分器官的分生能力先进行比较，再筛选最易再生的部位作为最佳外植体。

5．外植体要易于消毒

在选择外植体时，应尽量选择带杂菌少的器官或组织，降低初代培养时的污染率，一般地上组织比地下组织、一年生组织比多年生组织、幼嫩组织比老龄和受伤组织容易消毒。

## 二、外植体的灭菌

外植体灭菌是植物组织培养重要的工作之一。接种用的材料表面，常常附有多种多样的微生物，这些微生物一旦进入培养基，就会迅速滋生，使实验前功尽弃。因此，材料在接种前必须进行灭菌。灭菌时，既要将材料上附着的微生物杀死，同时又不能伤及材料，灭菌采用何种药剂，什么浓度，处理多长时间，均应根据材料对药剂的敏感情况来确定。

与灭菌相关的一个概念是消毒，它是指杀死、消除或充分抑制部分微生物，使之不再发生危害作用，显然经过消毒，许多细菌芽孢、霉菌的厚垣孢子等不会完全杀死，即由于在消毒后的环境里和物品上还有活着的微生物，所要通过严格灭菌的操作空间（接种室、超净台等）和使用的器皿，以及操作者的衣着和手都不带任何活着的微生物。这样的条件下进行的操作，就叫作无菌操作。一般来说，外植体接种的过程都是在无菌的环境里进行的，因此，外植体接种前都要彻底灭菌。

用于植物外植体灭菌的灭菌剂有升汞、甲醛、过氧化氢、高锰酸钾、来苏儿、漂白粉、次氯酸钠、抗生素、酒精等。使用这些灭菌剂，都能起到表面杀菌的作用。现将主要灭菌剂常用浓度和灭菌效果列于表，在使用时，选择 1～2 种（表 2-3）。

表 2-3 常用消毒剂的使用浓度及消毒效果的比较

| 灭菌剂 | 使用浓度/% | 清除难易 | 灭菌时间/min | 效果 |
|---|---|---|---|---|
| 次氯酸钠 | 2 | 易 | 5～30 | 很好 |
| 次氯酸钙 | 9～10 | 易 | 5～30 | 很好 |
| 漂白粉 | 饱和浓度 | 易 | 5～30 | 很好 |
| 氯化汞 | 0.1～1 | 较难 | 2～20 | 最好 |
| 酒精 | 70～75 | 易 | 0.2～2 | 好 |

| 灭菌剂 | 使用浓度/% | 清除难易 | 灭菌时间/min | 效果 |
| --- | --- | --- | --- | --- |
| 过氧化氢 | 10～12 | 最易 | 5～15 | 好 |
| 溴水 | 1～2 | 易 | 2～10 | 很好 |
| 硝酸银 | 1 | 较难 | 5～30 | 好 |
| 抗菌素 | 4～50 mg/L | 中 | 30～60 | 较好 |

上述灭菌剂应在使用前临时配制，氯化汞可短期内贮用。次氯酸钠和次氯酸钙都是利用分解产生氯气来杀菌的，故灭菌时用广口瓶加盖较好；升汞是用重金属汞离子来灭菌的；过氧化氢是分解释放原子态氧来杀菌的，这种药剂残留的影响较小，灭菌后用无菌水漂洗3～4次即可；由于升汞液灭菌的材料，难以对升汞残留有效去除，所以应当用无菌水漂洗8～10次，每次不少于3 min，以尽量去除残毒。

植物外植体灭菌的一般程序为：①材料采集（野外或温室）；②用软毛刷或毛笔在流水下洗净；③在超净工作台上用70%酒精消毒15～30 s；④无菌水漂洗3次；⑤0.1%升汞消毒6～8 min；⑥无菌水漂洗5次以上；⑦无菌外植体；⑧接种；⑨培养室培养。

## 三、外植体的接种

### （一）无菌操作

接种时由于有一个敞口的过程，所以是极易引起污染的时期，这一时期主要由空气中的细菌和工作人员本身引起，接种室要严格进行空间消毒。接种室内保持定期用1%～3%的高锰酸钾对设备、墙壁、地板进行擦洗。除了使用前用紫外线和甲醛灭菌外，还可在使用前期用70%的酒精或3%的来苏儿喷雾，使空气中灰尘颗粒沉降下来。无菌操作可按以下步骤进行：

（1）在接种前4 h用甲醛熏蒸接种室，并打开其紫外灯进行灭菌。

（2）在接种前20 min，打开超净工作台的风机以及台上的紫外灯。

（3）接种员先洗净双手，在缓冲间换好专用实验服。

（4）上工作台后，用酒精棉球擦拭双手，特别是指甲处，然后擦拭工作台面。

（5）先用酒精棉球擦拭接种工具，再将镊子和剪刀从头至尾过火一遍，然后反复过火尖端处，对培养皿要过火烤干。

（6）接种时，接种员双手不能离开工作台，不能说话、走动和咳嗽等。

（7）接种完毕要清理干净工作台，可用紫外灯灭菌30 min。若连续接种，每

5 d 要大强度灭菌一次。

（二）接种

接种是将已消毒好的根、茎、叶等离体器官，经切割或剪裁成小段或小块，放入培养基的过程。

（1）将初步洗涤及切割的材料放入烧杯，在超净台上，用消毒剂灭菌，再用无菌水冲洗，最后沥去水分，取出放置在灭好菌的 4 层纱布或滤纸上。

（2）材料吸干后，一只手拿镊子、另一只手拿剪刀或解剖刀，对材料进行适当的切割。如叶片切成 0.5 cm×0.5 cm 的小块；茎切成含有一个节的小段。微茎尖要剥成只含有 1～2 片幼叶的茎尖大小等。在接种过程中要经常灼烧接种器械，防止交叉污染。

（3）用灼烧消毒过的器械将切割好的外植体插植或放置到培养基上。具体操作过程是：先打开瓶口，将培养瓶几乎水平拿着，使瓶口靠近酒精灯火焰的外焰部分，并将瓶口在火焰上方转动，使瓶口另外灼烧数秒。然后用镊子夹一块切好的外植体送入试管内，轻轻插入培养基上。若是叶片直接附在培养基上，以放 1～3 块为宜。至于材料放置方向除茎尖、茎段要正放（尖端向上）外，其他尚无统一要求。

（4）贴好写有接种植物名称、接种日期、处理方法等的标签。

## 工作任务 3　继代扩繁

当初代培养的试管苗在瓶内长满到瓶盖，或培养基养分利用完时就要转瓶，进行继代培养，以便迅速获得较多试管苗，如此下去，最后就得到一定数量的试管苗，可进行移栽。

在试管苗多代的继代培养过程中，会产生两种现象，即驯化现象和衰退现象。

### 一、驯化现象

植物组织经长期继代培养，会发生一些变化。开始继代培养要加入生长调节物质，其后加入少量或不加入生长调节物质就可以生长，这种现象称为驯化。例如，胡萝卜薄壁组织初代培养要加入 6～10 mol/L IAA 才能达到最大生长量。又如，蝴蝶兰、卡德里亚兰和蕙兰的原球茎增殖培养中，对激素的要求也是如此。发生驯化的原因，可能是继代培养中细胞积累了较多生长物质，因此逐渐减少对外源生长物质的需要。然而，长期驯化不一定好，如卡德里亚兰实生苗在长期加香蕉的培养基中继代，只会长芽而不长根，芽多而细弱。如补加 IAA，几次继代后又可长出较多的根。

### 二、衰退现象

除了驯化以外，长期继代培养的材料也会逐渐衰退，丧失形态发生能力，具体表现在生长不良，再生能力和增殖率下降等。分化能力衰退的原因不详，但与下列因素有关。

1. 植物材料

不同种类植物、同种植物不同品种、同一植物不同器官不同部位，继代繁殖能力都不同。其繁殖能力一般是草本植物＞木本植物，被子植物＞裸子植物，年幼植物＞老年植物，胚＞营养体组织，芽＞胚状体＞愈伤组织。

2. 培养基和培养条件

培养基和培养条件适当与否对继代培养影响很大，所以常常改变培养基和培养条件来保持继代培养。例如，桃茎尖在 MS 培养基初次培养生长很好，继代培养在同样 MS 培养基则生长不良，而转入低 $NH_4^+$和 $Ca^{2+}$，增加 $NO_3^-$、$Mg^{2+}$和 P 的培养基中则能继代培养。KT 和 BA 在杜鹃茎尖初代培养中的效果没有异戊烯基腺嘌呤好，但继代培养后，KT 又优于异戊烯基腺嘌呤。石斛茎尖或腋芽培养，在固体培养基形成原球茎后，继代培养要用液体培养基进行振荡培养。

## 工作任务 4　生根培养与驯化移栽

试管苗继代增殖到一定数量后，就要分流进入壮苗、生根培养阶段，获得健壮幼苗，并进一步驯化移栽，使其逐渐适应外界自然环境，以提高移栽后的成活率。有些植物的继代次数是有限的，继代次数过多容易发生变异；而且继代繁殖数量过多，久不转移的苗子会发黄老化，或因过分拥挤而致无效苗增多，造成弃苗浪费。因此，在生产中继代的次数与繁殖的数量要计算准确，即要繁殖一定的数量且不能超过继代限度，达到工厂化育苗的最佳效益，获得高质量的商品苗。

### 一、试管苗的壮苗与生根培养

#### （一）壮苗培养

在继代培养过程中，细胞分裂素浓度的增加有助于提高试管苗的增殖系数，但若增殖的芽过多，往往会出现不定芽短小、细弱的现象，芽苗不易生根，即使能够生根，移栽成活率也很低。因此，在生根前先需经过壮苗培养，选择生长较好的不定芽分成单株培养，而将一些尚未成型的芽分成几个芽丛培养，并且在培养基中减少或完全去掉细胞分裂素，增加培养室的光照强度，以培养壮苗。

在继代培养阶段，通过选择适宜的细胞分裂素和生长素的种类及不同浓度配比，可以同时满足增殖和壮苗的不同要求。较高浓度的生长素和较低浓度的细胞分裂素的组合有利于形成壮苗。因此，在进行增殖扩繁时，适当降低培养基中的细胞分裂素浓度，并增加生长素的浓度，就能达到壮苗培养的目的，而不需要再经过壮苗培养阶段。在实际生产中，选择细胞分裂素与生长素的浓度合理配比，将有效增殖系数控制在 3.0～5.0，以实现增殖和壮苗的双重目的。

### （二）生根培养

试管苗的生根培养室使无根芽苗生根形成完整植株的过程。芽苗的生根可在试管内进行，也可在试管外生根。

1．试管内生根

试管内生根是指将从生苗分离成单苗或单株丛生苗，转接到生根培养基上，在培养容器内诱导生根的方法。在生根阶段对培养基成分和培养条件进行调整，以减少试管苗对异养条件的依赖，逐步增强光合作用的能力。生根阶段的培养基需降低无机盐浓度，可选择无机盐浓度较低的基本培养基，如改良 White 培养基，也选用与初代培养和继代培养相同的基本培养基种类，但降低其无机盐浓度，一般用 1/2 或 1/4 的量。生根阶段的培养基还需减少或除去细胞分裂素，增加生长素的浓度。NAA 和 IBA 是最常用的诱导生根的生长素，使用浓度一般为 0.1～1.0 mg/L。有些植物，可先将芽苗转接到含有生长素的培养基中生长 1～2 d 后，再转移至无生长素的培养基中，或将芽苗在含有生长素的生根溶液中浸蘸后直接插入无生长素的培养基中，其生根效果好。

2．试管外生根

有些植物种类在试管中难以生根，或根系发育不良，吸收功能极弱、移栽后不易成活，可选择试管外生根。用此方法生根时，可先将芽苗在一定浓度生长素或生根粉溶液中浸蘸，或在含有相对高浓度生长的培养基中培养 5～10 d，然后在温室中插入培养基质（如珍珠岩∶蛭石=2∶1）中，经常喷雾，保持高湿度环境，几天后芽苗可自行生根。试管外生根还可以缩短育苗周期，降低生产成本。

### （三）试管苗的驯化和移栽

试管内的生根苗需经过一段时间的驯化，使其逐步适应外界环境后，再移栽到疏松透气的基质中，并应加强管理，注意控制温度、湿度、光照，及时防治病害，以提高移栽苗的成活率。

1．试管苗的驯化

（1）试管苗的生长环境及特点。由于试管苗生长在培养室内的容器中，与外界环境隔离，形成了一个独特的生态系统。试管苗的生长环境与外界环境相比，具有以下四大差异：①恒温。在试管苗整个生长过程中，常需采用恒温培养，即使某一阶段稍有变动，温差也较小。而外界环境中的温度由太阳辐射量决定，处于不断变化之中，温差较大。②高湿。培养容器内的相对湿度接近于100%，远远大于容器外的空气湿度，所以试管苗的蒸腾量极小。③弱光。培养室内采取人工补光，其光照强度远不及太阳光强，故幼苗生长也一般较小，不能经受太阳光的直接照射。④无菌。试管苗所在环境是无菌的。不仅培养基无菌，而且试管苗也无菌。在移栽过程中试管苗要经历由无菌向有菌的转换。

在特殊生态环境中生长的试管苗，具有以下几个特点：①试管苗生长细弱，茎、叶表面角质层不发达；②试管苗茎、叶虽呈绿色，但叶绿体的光合作用较差；③试管苗的叶片气孔数目少，活性差；④试管苗根的吸收功能弱。因此，试管苗基本上处于异养状态，自身光合能力很弱，依靠培养基为其生长提供营养物质。

（2）试管苗的驯化。由于试管苗的生长环境与外界环境差异很大，在移栽前必须要经过驯化或称为炼苗的过程，以逐渐提高试管苗对外界环境条件的适应性，提高其光合作用的能力，从异养向自养转变，促使试管苗健壮生长，最终达到提高试管苗移栽成活率的目的。驯化应从温度、湿度、光照及有无菌等环境要素进行，其方法是：将装有试管苗的培养容器移到温室或大棚，先不打开瓶盖或封口膜，并不能立即接收太阳光的直接照射，以免瓶内升温太快，使幼苗因蒸腾作用过强失水萎蔫，甚至死亡。可以先进行适当遮蔽，再逐渐拆除保护，让试管苗接收自然散射光照射，并逐步适应自然的昼夜温差变化。3～5 d 后打开瓶盖或封口膜，使试管苗生长更接近外界环境条件，再炼苗 2～3 d 后即可移栽。试管苗驯化成功的标准是茎长粗、叶增绿、根系延长并由黄白色变为黄褐色。

2．试管苗的移栽

（1）基质准备。移栽基质要求疏松、透水、通气，有一定的保水性，易消毒处理，不利于杂菌滋生。常选用的基质主要有：①蛭石。是由黑云母风化而成的次生物，通过高温处理使其疏松多孔，质地轻，能吸收大量的水，保水、持肥、吸热、保温能力较强，易于消毒。②珍珠岩。是一种火山喷发的酸性熔岩，经急剧冷却而成的玻璃质岩石，因其具有珍珠裂隙结构而得名。由于在 1 000～1 300℃高温条件下其体积迅速膨胀 4～30 倍，故质地轻，持水、吸热、保温性强，且无菌。③河沙。其颗粒直径为 1～2 mm 的粗沙，排水性强，但保水蓄肥能力差。④草炭土。是由沉积在沼泽中的植物残骸经过长时间的腐烂后形成的，其保水性好，蓄肥能力强，呈中性或微酸性。⑤腐殖土。是由植物落叶等经腐烂形成的，营养丰富，含有大量的矿质营养及有机物质。其他基质材料还有炉灰渣、谷壳、锯木屑等。基质使用时应按一定的比例搭配，常用的有珍珠岩∶蛭石∶草炭土为 1∶1∶0.5，或河沙∶草炭土为 1∶1。应根据不同植物的栽培习性来合理搭配基质，才能获得满意的移栽效果。

（2）移栽方法。试管苗移栽方法有：①常规移栽。将驯化后的小苗取出，用清水洗去附着于根部的琼脂培养基，操作时应尽量减少对根系和叶片的损伤。用 50%多菌灵 800 倍溶液浸泡消毒 1～2 min，然后移栽到混合基质中。栽植深度适宜，不可埋没叶片。移栽后要浇 1 次透水，但不能造成基质积水而使根系腐烂。保持一定的温度和水分，适当遮阳。当长出 2～3 片新叶时，即可将其移栽到田间或盆钵中。这种移栽方法适合草莓、百合、非洲菊、马铃薯等多数植物。②直接移栽。直接将试管苗移栽到盆钵中。这种方法适合于具有专业化生产的温室条件，如风梨、万年青、花叶芋、绿巨人等盆栽植物的规模化生产，选用适宜的盆栽基质，直接将生根试管苗移栽入盆，随着植株的年长，再逐渐换大型号的花盆。③嫁接。有些木本植物不易在试管内生根，可选取适合的实生幼苗作砧木，用试管苗作接穗进行嫁接。嫁接移栽法与常规移栽法相比具有移栽成活率高、适用范围广、成苗所需的时间短、有利于移栽植株的生长发育等许多优点。

（3）移栽后的管理。移栽后的养护管理也是一个非常关键的环节，主要应注意以下几个方面：①控制温度。对花叶万年青、巴西铁树、变叶木等喜温植物，以 25℃左右为宜；文竹、吞石竹、满天星、非洲菊、菊花等喜温植物，以 18～20℃为宜。温度过高会导致幼苗蒸腾作用加强，水分失衡以及菌类滋生等问题；温度过低使幼苗生长迟缓或不易成活。如果能有良好的设备或配合适宜的季节，使温度略高于空气温度 2～3℃，则有利于生根和促进根系发育，提高成活率。采用温室地槽埋设地热线或加温生根箱种植试管苗，可以取得更好的效果。②保持湿度。试管苗茎、叶表面角质层不发达，根系弱或无根，移栽后很难保持水分平衡，应提高小环境的空气相对湿度，尤其在移栽最初的 3 d 内，应保持 90%～100%的空气相对湿度，尽量接近培养谷器中的湿度条件，以减少试管苗叶面蒸腾作用，使小苗始终保持挺拔生长姿态。以后再适当通风，逐渐降低湿度，适应外界自然环境。③调节光照。试管苗移栽后要依靠自身的光合作用来维持生存，需提供一定的自然光照。但光照不能太强，以散射光为好，初期控制在 2 000～5 000 lx，后期逐渐加强。光线过强会使叶绿素受到破坏，引起叶片失绿、发黄或发白，使小苗成活延缓。过强的光线还能刺激蒸腾作用加强，使水分平衡的矛盾更加尖锐，容易引起幼苗失水萎蔫，影响生长。甚至出现灼伤，引起死苗。一般在试管苗移栽初期，应进行遮光处理，温室内使用小拱棚，再加盖遮阳网。待幼苗生长一段时间后，再逐渐加强光照，后期则可直接利用自然光照，以促进光合产物的积累，增强抗性。④防止杂菌滋生。除了对栽培基质要预先消毒灭菌，移栽后还应定期使用一定浓度的药剂杀菌，如用 75%百菌清可湿性粉剂 600 倍液、50%多菌灵可湿性粉剂 800 倍液等喷雾，可以有效地保护幼苗。⑤补充营养。试管苗移栽后喷水时可以加入 0.1%的尿素或 1/2 MS 大量元素的溶液作追肥，以后 7～10 d 追 1 次肥，以促进幼苗生长。

## 工作任务 5　植物组织培养生产过程中常见问题及控制

植物组织培养过程中，虽然每个过程都按照操作规程进行操作，但是，也会发生这样或那样的问题，其中最常见的就是污染、玻璃化和褐化现象。因此，对于这些问题发生的原因进行深入分析，这才是植物组织培养成功的关键所在。

### 一、污染原因及控制

1．污染原因

污染是指在培养过程中，培养基或培养材料上滋生真菌、细菌等微生物，使培养材料不能正常生长和发育的现象。植物组织培养中污染是经常发生的，常见的污染病原体是细菌和真菌这两大类。细菌污染常在接种 1～2 d 后表现，培养基表面出现黏液状菌斑。真菌污染一般在接种 3 d 以后才表现，主要症状是培养基上出现绒毛状菌丝，然后形成不同颜色的孢子层。

造成污染的原因也很多，主要有：培养基及各种使用器具灭菌不彻底；外植体消毒不彻底；接种时没有严格遵守无菌操作规程；接种和培养环境不清洁，如超净工作台的过滤装置失效、培养容器的口径过大；培养容器的原因，包括盖子和封口膜破损等引起的污染等。

2．污染的预防措施

（1）灭菌要彻底。在植物组织培养生产中，各种培养基以及接种过程中使用的各种器具都要严格灭菌。首先是培养基的灭菌，耐高温的培养基需要在 121℃条件下灭菌 20～30 min。一些不耐高温的物质，可采取细菌过滤器除去其中的微生物。其次，接种用的器具除了经过高温灭菌外，在接种的过程中，每使用 1 次后，都要蘸酒精在酒精灯火焰上灼烧灭菌。最后，对于被污染的培养瓶和器皿要单独浸泡、单独清洗，有条件的灭菌后再清洗。

（2）选择适当的外植体。要认真地选择外植体，减少外植体上的带菌量。一般多年生的木本材料比一两年生的草本材料带菌量多；老的材料比幼嫩的材料带菌多；田间生长的材料比温室生长的材料带菌多；带泥土的材料比不带泥土的材料带菌多。

用茎尖作外植体时，应在室内或无菌条件下对枝条进行预培养。将枝条用水冲洗干净后插入无糖的营养液或自来水中，使其发枝。然后以这种新抽的嫩枝作为外植体，可大大减少材料的污染。或在无菌条件下对采自田间的枝条进行暗培养，从抽出的徒长黄化枝条上取材，也可明显地减少污染。

（3）外植体消毒。外植体上可能附着外生菌和内生菌。外生菌可以通过表面消毒方法杀灭。而内生菌生长在植物材料内部，表面消毒难以杀灭，培养一段时间后，病原菌自伤口处滋生。防治内生菌首先将欲取材的植株或枝条放在温室或无菌培养室内预培养，再在培养液中添加一些抗生素或消毒剂。

（4）环境消毒。不清洁的环境也会使培养的污染率明显增加，尤其是在夏季，高温高湿条件下污染率更高。接种和培养环境要保持清洁；定期进行熏蒸或喷雾消毒。高锰酸钾和甲醛熏蒸效果好，但对人体有一定的伤害，一般每年熏蒸 2～3 次。平时，接种室和培养室可采用紫外线照射消毒或 2%来苏儿消毒。臭氧消毒机对环境消毒效果较好，而且使用灵活方便，对人体的伤害也相对较小。

（5）严格无菌操作。在接种时要严格无菌操作，避免人为因素造成污染。为了使超净工作台有效工作，防止操作区域本身带菌，要定期对过滤器进行清洗和更换。对内部的过滤器，不必经常更换，但每隔一定时间要检测操作区的带菌量，如果发现过滤器不能有效工作，则要整块更换。此外还需要测定操作区的风速，通过调压旋钮使操作区的风速达到无菌操作的要求（20～30 m/min）。

## 二、植物组织培养苗褐化的原因及控制

1．褐化现象

植物组织培养苗褐化是指在接种后，其表面开始变为褐色，有时甚至会使整个培养基变为褐色的现象。它的出现是由于植物组织中的多酚氧化酶被激活，而使细胞的代谢发生变化所致。在褐变过程中，会产生醌类物质，它们多呈棕褐色，当扩散到培养基后，就会抑制其他酶的活性，从而影响所接种外植体的培养。

2．褐化的主要原因

（1）品种。研究表明，品种间的褐化现象是不同的。由于多酚氧化酶活性上的差异，因此有些品种的外植体在接种后较易褐变，而有些花卉品种的外植体在

接种后不易褐变。故在培养过程中应该有所选择，对不同的品种分别进行处理。

（2）生理状态。外植体的生理状态不同，在接种后褐变程度也有所不同。一般来说，幼嫩的组织在接种后褐变程度并不明显，而老熟的组织在接种后褐变程度较为严重。

（3）培养基成分。浓度过高的无机盐会使褐变程度加深，此外，细胞分裂素的浓度过高也会刺激某些外植体的多酚氧化酶的活性，从而使褐化现象加深。

（4）培养条件不当。如光照过强、温度过高、培养时间过长等，均可使多酚氧化酶的活性提高，从而加速被培养的外植体的褐变。

3．预防措施

（1）选择合适的外植体。一般来说，最好选择处于旺盛生长的外植体，这样可以使褐化现象明显减轻。

（2）合适的培养条件。无机盐成分、植物生长调节剂浓度、适宜温度、及时继代培养均可以减轻材料的褐化现象。

（3）使用抗氧化剂。在培养基中，使用半胱氨酸、抗坏血酸等抗氧化剂能够较为有效地避免或减轻很多外植体的褐化现象。另外使用 0.1%～0.5%活性炭对防止褐变也有较为明显的效果。

（4）连续转移。对容易褐变的材料可间隔 12～24 h 的培养后，再转移到新的培养基上，这样经过连续处理 7～10 d 后，褐化现象便会得到控制或大为减轻。

## 三、植物组织培养苗玻璃化的原因及控制

当植物材料不断地进行离体繁殖时，有些培养物的嫩茎、叶片往往会呈半透明水迹状，这种现象通常称为玻璃化。玻璃苗是指外表呈现玻璃状，茎叶透明的畸形试管植物。

1．玻璃苗的形态解剖和生理生化特征

（1）形态解剖学特征。与正常试管苗相比。发生了一些变化：茎尖分生组织区变小，细胞核小，液泡化程度高，胞质稀薄，胞壁发育不完全，有空洞；叶表面缺少保护组织；节间缩短或没有节间；输导组织的导管和管胞木质化不完全；叶片通常没有栅栏组织，只有海绵组织。正是由于玻璃苗形态结构的畸形，致使水分的输导、光合作用等功能不全，因此移栽后很难成活。

（2）生理生化特征。与正常试管苗相比，玻璃苗也具有其独特的生理生化特征。例如，含水量增加，干重降低；可溶性糖含量增加，糖代谢发生障碍；乙烯释放量增高；碱性过氧化物同工酶活性增加；叶绿素含量降低等。

2. 试管苗发生玻璃化的机制

离体培养过程中培养基与外植体的水势梯度过大，造成水分失调，打破内源激素的平衡，造成某些代谢过程受阻，代谢过程受阻反过来抑制离子的吸收，从而加重生理失调。

3. 玻璃苗产生的重要原因

（1）外植体。不同的药用植物甚至同一植物的不同品种的不同外植体对试管苗玻璃化有显著影响。这种差异可能与药用植物种类或品种内源激素水平不同有关。

（2）琼脂。植物组织培养苗中的玻璃苗率与琼脂用量呈负相关。因此适当增加培养基中的琼脂用量可有效地减少玻璃苗数量。

（3）碳源的种类和数量。糖浓度的提高会减少玻璃苗的数量，降低还原糖的数量，增加肌醇的数量。

（4）激素的浓度和种类。细胞分裂素浓度的增加会导致玻璃苗的增加。使细胞分裂素增多的原因有以下三种：一是培养基中一次性加入过多的细胞分裂素；二是细胞分裂素与生长素比例失调；三是多次继代培养时愈伤组织和试管苗体内累积过量的细胞分裂素。

（5）湿度。湿度涉及瓶内的空气湿度和培养基的含水量。瓶内处于高湿环境，导致玻璃苗的发生频率增高。

（6）温度。温度过高或过低都会促进玻璃苗的产生。

（7）光照。光照强度过高或过低，光照时间过长或过短都会促进玻璃苗的产生。

4. 防止玻璃苗产生的措施

（1）适当控制培养基中无机营养成分。大多数植物在 MS 培养基上生长良好，玻璃苗的比例较低，主要是由于 MS 培养基的硝态 N、Ca、Zn、Mn 的含量较高。适当地增加培养基的硝态 N、Ca、Zn、Mn、K、Fe、Cu、Mg 的比例，降低 N 和 Cl 的比例，特别是降低铵态 N 浓度，提高硝态 N 浓度，可减少玻璃苗的比例。

（2）适当提高培养基中蔗糖和琼脂的浓度。适当提高培养基中蔗糖的含量，可降低培养基中的渗透势，减少外植体从培养基中获得过多的水分。而适当提高培养基中琼脂的含量，可降低培养基的衬质势，造成细胞吸水阻遏，也可降低玻璃化程度，如将琼脂浓度提高到 1.1%时，洋蓟玻璃苗完全消失。

（3）适当降低细胞分裂素和赤霉素的浓度。细胞分裂素和赤霉素可以促进芽的分化，但是为了防止玻璃化现象，应适当减少其用量，或增加生长素的比例。在继代培养时，要逐步减少细胞分裂素的用量。

（4）增加自然光照，控制光照时间。在试验中发现，玻璃苗放在自然光下几天后茎、叶变红，玻璃化逐渐消失。这是因为自然光中的紫外线能促进试管苗成熟，加快木质化。光照时间不宜太长，大多数植物以 8～12 h 为宜，光照强度在 1 000～1 800 lx，就可以满足植物生长的要求。

（5）控制好温度。培养温度要适宜植物的正常生长发育。如果培养室的温度过低，应采取增温措施。热击处理，可防治玻璃化的发生。如用 40℃热击处理瑞香愈伤组织培养物可完全消除其再生苗的玻璃化，同时还能提高愈伤组织芽的分化率。

（6）改善培养器皿的气体交换状况。改善培养器皿的气体交换状况，如使用棉塞、滤纸片或通气好的封口膜封口。

（7）在培养基中添加其他物质。在培养基中加入间苯三酚、根皮苷或其他添加物，可有效地减轻或防治试管苗玻璃化，如添加马铃薯汁可降低油菜玻璃苗的产生频率，而用 0.5 mg/L 多效唑或 10 mg/L 矮壮素可减少满天星试管苗玻璃化的发生，而添加 1.5～2.5 g/L 聚乙烯醇可防止苹果砧木玻璃化。在培养基中加入 0.3%活性炭还可降低玻璃苗的产生比例。0.5 mg/L 多效唑或 10 mg/L 矮壮素可减少康乃馨玻璃化。

## 复习思考题

1．如何配制培养基母液？配制时应注意哪些问题？
2．简述固体培养基的配制流程。
3．外植体选择的基本原则有哪些？
4．无菌操作的过程中有哪些注意事项？
5．试管苗发生污染、褐变、玻璃化的原因有哪些？如何预防？

# 实训 2-1　培养基母液的配制

## 一、目的要求

1．能根据母液配方和扩展倍数计算各试剂的用量。
2．能正确使用电子分析天平。
3．能解释有些试剂不能混合在一起，有些需要加入螯合剂的原因。
4．掌握培养基母液的配制流程及注意事项。

## 二、材料与用具

1．仪器与用具

电子分析天平（精度为 0.000 1 g）、电子天平（精度为 0.01 g）、烧杯 200 ml、容量瓶（500 ml、250 ml、100 ml）、冰箱、棕色瓶、标签纸等。

2．试剂

配制 MS 培养基母液所需药品、植物激素 NAA、95%酒精、无菌水。

## 三、方法步骤

MS 培养基各种母液的配制：

（1）计算各种母液的试剂用量（表 2-4）。

表 2-4　MS 培养基的配制

| 母液名称 | 化合物名称 | 原配方量/mg | 扩大倍数 | 称取量/mg | 母液体积/ml | 配 1 L 培养基移取量/ml |
|---|---|---|---|---|---|---|
| 大量元素母液Ⅰ | $NH_4NO_3$ | 1 650 | 10 | | 250 | |
| | $KNO_3$ | 1900 | 10 | | | |
| | $KH_2PO_4$ | 170 | 10 | | | |
| 大Ⅱ | $MgSO_4 \cdot 7H_2O$ | 370 | 10 | | 250 | |
| 大Ⅲ | $CaCl_2 \cdot 2H_2O$ | 440 | 10 | | 250 | |
| 微量元素母液 | $MnSO_4 \cdot 4H_2O$ | 22.3 | 50 | | 200 | |
| | $ZnSO_4 \cdot 7H_2O$ | 8.6 | 50 | | | |
| | $CoCl_2 \cdot 6H_2O$ | 0.025 | 50 | | | |
| | $CuSO_4 \cdot 5H_2O$ | 0.025 | 50 | | | |
| | $H_3BO_3$ | 6.2 | 50 | | | |
| | $Na_2MoO_4 \cdot 2H_2O$ | 0.25 | 50 | | | |
| | KI | 0.83 | 50 | | | |
| 铁盐母液 | $FeSO_4 \cdot 7H_2O$ | 28.7 | 50 | | 250 | |
| | $Na_2$-EDTA | 37.3 | 50 | | | |
| 有机物母液 | 烟酸（Vpp） | 0.5 | 50 | | 100 | |
| | 盐酸吡哆醇（$VB_6$） | 0.5 | 50 | | | |
| | 盐酸硫胺素（$VB_1$） | 0.1 | 50 | | | |
| | 肌醇 | 100 | 50 | | | |
| | 甘氨酸 | 2 | 50 | | | |

（2）NAA 母液的配制。配制 0.5 mg/ml NAA 100 ml。NAA 需要酒精助溶。

## 四、实验注意事项

具体包括：

（1）各种母液组合时，一定要考虑彼此之间是否会发生沉淀或产生气体反应，因为这两种现象均会使配制的母液准确率降低，从而影响到实验的结果。另外，决定扩展倍数的主要是试剂的溶解度。

（2）配制母液所需药品应采用分析纯或化学纯试剂。

（3）配制铁盐母液要先将 $Na_2$-EDTA 和 $FeSO_4$ 分别溶解，然后将 $Na_2$-EDTA 溶液缓慢倒入 $FeSO_4$ 溶液中，充分搅拌并加热 5～10 min，使其充分螯合。

（4）配制激素母液时，强酸或强碱是作为助溶剂参与的，所以用量不能太多，一般配制 100 ml 母液时，助溶剂不能超过 10 ml，如果此时还不能溶解，应该再加热或直接加入热蒸馏水即可。

（5）NAA 母液的浓度不要超过 0.5 mg/ml，6-BA 母液的浓度不要超过 1 mg/ml，否则冷藏时间久了会出现结晶，从而严重影响实验的结果。

（6）配制母液所需药品应采用分析纯或化学纯试剂。

（7）母液保存时间不要过长，最好 2 个月内完成。如发现母液有混浊或沉淀现象发生，则弃之不用。

# 实训 2-2　MS 固体培养基的配制

## 一、目的要求

通过 MS 固体培养基的配制，掌握配制培养基的基本技能。

## 二、材料与用具

配制 MS 培养基的各种母液、生长调节物质母液、琼脂、蔗糖、蒸馏水、移液管、量筒、容量瓶、电磁炉、pH 试纸、0.1 mol/L HCl、0.1 mol/L NaOH。

## 三、方法步骤

（1）按母液顺序和规定量，用移液管提取母液，放入盛有一定量蒸馏水的烧杯。

（2）加入生长调节物质。

（3）加入固化剂，加入琼脂 7 g。

（4）加糖，放入蔗糖 30 g。

（5）定容，加蒸馏水定容至 1 000 ml。

（6）溶化琼脂，在电磁炉上加热溶液，并不断搅拌，使琼脂熔化。

（7）调整 pH，经 pH 试纸测试，用 0.1 mol/L HCl 和 0.1 mol/L NaOH 把培养基的 pH 调整到 5.8～6.0。

（8）培养基分装，把配制好的培养基分装到培养瓶中。分装后立即加盖，贴上标签，注明培养基的名称与配制时间。

## 四、作业

配制完毕，培养基如果不能凝固，可能的原因有哪些？

# 实训 2-3 培养基和培养用具的灭菌

## 一、目的要求

通过对培养基和培养用具的灭菌，掌握高压蒸汽灭菌和干热灭菌的一般操作技术。

## 二、材料与用具

培养皿、三角瓶、试管、注有培养基的培养瓶、牛皮纸、纱布或铝箔、镊子、剪刀、高压蒸汽灭菌锅、烘箱等。

## 三、方法步骤

1. 高压蒸汽灭菌

（1）洗涤。把组织培养用的培养皿、三角瓶、试管等玻璃器皿进行彻底清洗。

（2）包扎。用牛皮纸、纱布或铝箔把玻璃器皿和金属器械包扎好。

（3）装水。先在高压灭菌锅内装入一定量的水（需淹没电阻丝）。

（4）灭菌。把注入培养基的培养皿，包扎好的玻璃器皿和金属器械，放入高压灭菌锅。打开电源，先排尽冷空气。当压力达 108 kPa，锅内温度为 121℃时保持 15～20 min。最后切断电源，让高压锅自然冷却。

（5）储藏。冷却后，把培养基从灭菌锅中取出，放置在温度低于 30℃（最好是 4～10℃），没有强光照射的专用柜中备用。

2．干热灭菌

（1）洗涤。把组织培养用的培养皿、三角瓶、试管等玻璃器皿彻底清洗。

（2）灭菌。把洗涤干净的玻璃器皿放到烘箱中，在 150℃温度下，干热灭菌 1 h；或 120℃ 2 h。灭菌完毕，待冷却后取出。

## 四、作业

高压灭菌时应注意哪些事项？

# 实训 2-4　茎段的组织培养

## 一、目的要求

1．熟练掌握茎段组织培养的方法和操作步骤。

2．掌握茎段分化成再生植株的发育途径。

## 二、材料与用具

1．仪器工具

超净工作台、酒精灯、75%酒精棉球、无菌培养皿、记号笔、火柴、接种工具等。

2．材料

菊花、月季、香石竹枝条。

3．试剂

75%酒精、0.1%升汞。

诱导培养基：MS ＋ NAA 0.5 ＋ BA 2.0；增殖培养基：MS ＋ NAA 1.0 ＋ BA 2.0；生根培养基：1/2 MS ＋ NAA 2.0。

## 三、方法步骤

1．材料处理

将枝条剪成 4～5 cm 带单芽的小段，用流水冲洗干净，移到超净工作台，用 75%酒精浸泡 30s，再用 0.1%升汞浸泡 5～8 min，用无菌水冲洗 3～5 遍，放在垫有无菌滤纸的培养皿中，待接种。

2．接种

将处理后的枝条原切口剪掉，然后再剪成长 1～1.5 cm 带一个腋芽的小段接种到诱导培养基上，每瓶接 1～3 段。

3．培养

将培养基放于 23～25℃，光照为 1 000～2 000 lx，光照时间为 10 h 左右的培养室内培养。20～30 d 后，从叶腋处长出侧芽。

4．继代培养

按照切割茎段同样的方法将芽丛转接到增殖培养基上，进行扩大繁殖，1 瓶可扩繁成 25 瓶左右。

5．生根培养

取 3～4 cm 高的幼苗接到生根培养基上，诱导生根。

## 四、作业

1．接种一周后，观察污染情况；以后每隔一周观察接种材料的生长情况，直至长成小植株。

2．茎段接种时是否要考虑每瓶中培养基的用量？

3．茎段接种量可否应用诱导愈伤组织的培养基？

# 实训 2-5　马铃薯试管苗的转接与扩繁

## 一、目的要求

1．熟练掌握试管苗转接时的基本操作步骤。

2．掌握试管苗扩繁的意义。

## 二、材料与用具

超净工作台、酒精灯、75%酒精棉球、无菌培养皿、记号笔、95%酒精、接种工具等。

## 三、方法步骤

1．超净工作台灭菌

接通电源，打开紫外灯照射 20 min。同时打开风机 20 min。

2．人员准备

洗净双手，穿上实验服进入接种室。在超净台内用酒精棉球擦拭双手，台面及接种工具、种苗瓶表面。种苗瓶要选择生长好、高达 4～5 cm 以上的马铃薯试管苗，取 10 瓶左右的空白培养瓶放入超净台内。

3．转接

（1）将酒精灯放在距超净台边缘 30 cm，正对身体正前方处；将种苗瓶放在灯前偏左处，空白瓶放在灯前处，消毒瓶放在灯右处，以利于方便操作。

（2）打开原种瓶，将瓶口过火一次，置于一定位置。

（3）剪刀和镊子灼烧灭菌后，用镊子将原种瓶内一株试管苗取出，夹住第一节，用剪子将其剪成 1～2 cm，带 1 个节及 1～2 个叶的小段（节上少留，节下多留），剪成的小段先放在无菌培养皿内。

（4）打开空白瓶，瓶口过火一次，用过火、冷却的镊子夹住小段迅速转接在空白瓶中，每瓶 1～3 个。

（5）接完后瓶口过火封口。

以后重复上述动作，每人接 10 瓶左右。

4．每接 5 瓶后，再用酒精棉球擦拭双手一次，以防交叉感染。

5．每接完 10 瓶后，写明标号，移出超净台，置于台顶，再接下一批。

6．转接结束后，将材料放在培养室内培养。3 d 后检查污染情况，及时清除。

**四、作业**

转接时，减少污染的关键环节是什么？

## 实训 2-6　组培苗的生根培养

**一、目的要求**

熟练掌握继代无根苗生根培养技术。

**二、材料与用具**

1．材料

非洲菊继代培养的组培苗。

2．器具

超净台、剪刀、解剖刀、镊子、培养皿、灭菌锅、三角瓶、无菌滤纸等。

3．试剂

75%酒精、0.1%升汞、75%酒精棉球、无菌水、MS 基本培养基各种母液、NAA、6-BA 等。

## 三、方法步骤

1. 培养基准备。

2. 接种。在超净工作台上，按照无菌操作规程接种，首先将继代培养无根苗从培养瓶中取出，放入无菌的培养皿中，仔细切割成单株，然后插入培养基中，每瓶接种10株。要注意不能在转接生根苗把苗分的太小，因为过小的苗既不利于以后驯化成活，也不利于小苗驯化后快速成长，一般每株苗应不少于3～4片叶。

3. 培养。将接好的培养瓶放回培养室中，正常培养。7 d后观察生根情况。

## 四、作业

记录试管苗生根培养步骤，统计生根率。

# 实训2-7　组培苗驯化移植

## 一、目的要求

熟练掌握组培苗驯化移植技术。

## 二、材料与用具

非洲菊组培苗或马铃薯组培苗、蛭石、珍珠岩、泥炭、苔藓、育苗盘、镊子、喷雾器、杀菌剂等。

## 三、方法步骤

试管苗养到3～5 cm，且生有4～5条健壮根时，即可进行移栽，在移栽之前先要培育壮苗和开瓶炼苗。

1. 炼苗

将生根的试管苗从培养室取出，放在自然条件下1～2 d，然后打开瓶口，再放置1～2 d。

2. 基质灭菌及育苗盘准备

将配制好的移栽基质放在高压灭菌锅中灭菌，冷却备用。或用化学药剂（多菌灵、高锰酸钾等）进行基质灭菌。将基质倒入育苗盘中，加水浸透基质备用。

3. 组培苗脱瓶

用镊子将组培苗轻轻取出，轻轻但要彻底洗掉沾在根上的培养基，以免栽后发霉，注意种苗不受或少受创伤。清洗干净后用 0.1%多菌灵或 0.3%～0.5%的高锰酸钾消毒杀菌 5 min。

4．移植

用竹签在基质上打孔，将组培苗小心插入事先准备好的基质内，轻轻覆盖、压实。再喷 0.1%多菌灵或百菌清。覆上薄膜保湿，遮阴处理，待幼苗成活后移栽大田。

## 四、数据统计

试管苗移植成活率=（成活的试管苗数/移植试管苗数）×100%

## 五、作业

如何提高组培试管苗移栽成活率。

# 项目三　植物脱毒

**学习目标：**

1．理解脱毒苗的含义及脱毒苗培育的意义。

2．熟悉脱毒苗鉴定的方法。

3．能熟练进行指示植物法、酶联免疫吸附法鉴定脱毒效果。

世界上受病毒危害的植物很多，像粮食作物中的水稻、马铃薯、甘薯等，经济作物中的油菜、百合、大蒜等，而园艺植物因常用无性繁殖方法繁殖苗本，故受病毒危害更为严重。当植物被病毒侵染后，常造成生长迟缓、品质变劣，产量大幅度降低。这是因为很多园艺植物采用无性繁殖方法，即利用茎（块茎、球茎、鳞茎、根茎、匍匐茎）、根（块根、宿根）、枝、叶、芽（内芽、珠芽、球芽、顶芽、腋芽、休眠芽、不定芽）等通过嫁接、分株、扦插、压条等途径来进行繁殖。病毒通过营养体传递给后代，使危害逐年加重，而且园艺植物产地比较集中，通常呈规模化集约栽培，易造成连作危害，加重了土壤传染性病毒和线虫传染性病毒的危害。

病毒病害与真菌和细菌病害不同，不能通过化学杀菌剂和杀菌素予以防治。无病毒苗的培育，无疑满足了农作物和园艺植物生产发展的迫切需要。20 世纪 50 年代，有人发现通过植物组织培养方法可以脱除染病植物的病毒，恢复种性，提高产量、质量，组织培养脱毒技术便在脱毒生产中得到广泛应用，且有不少国家已将其纳入常规良种繁育体系，有的还专门建立了大规模的无病毒苗生产基地。我国是世界上从事植物脱毒和快繁最早、发展最快、应用最广的国家，目前已建立了马铃薯、甘薯、草莓、苹果、葡萄、香蕉、菠萝、番木瓜、甘蔗等植物的无病毒苗生产基地，每年可提供几百万株各类脱毒苗。

组织培养无病毒苗的培育，在植物病理学上也有重要意义。它丰富了植物病理学的内容，从过去消极地砍伐病枝、销毁病株，到病株的脱毒再生，是一个积极有效的预防途径，并且对绿色产品开发、减少污染、保护环境、增进健康都具有长远的意义。

# 工作任务 1 植物脱毒处理

## 一、茎尖培养脱毒

### （一）茎尖培养脱毒的原理

White（1943）首先发现在感染烟草花叶病毒的烟草植株生长点附近，病毒的浓度很低甚至没有病毒，病毒含量随着植株部位及年龄而异。在这个启示下，Morel 等（1952）从感染花叶病毒的大丽菊分离出茎尖分生组织（0.25 mm）培养得到的植株，嫁接在大丽菊实生砧木上检验为无病毒植株，从此茎尖培养就成为解决病毒病的一个有效途径。

茎尖培养之所以能去除病毒是由于病毒在感染植株上分布不一致，一般成熟的组织和器官病毒含量较高，而未成熟的组织和器官病毒含量较低，生长点（0.1～1.0 mm 区域）则几乎不含或含病毒很少，主要有三个原因：一是病毒在寄主植物体内主要靠维管束传播，茎尖分生组织没有维管束，无法传播；二是病毒还可以通过胞间连丝进行传播，但其传播速度远远赶不上茎尖分生组织的生长速度；三是茎尖分生组织中存在高浓度的内源生长素，抑制病毒的增殖。

不同植物以及同一植物要脱去不同的病毒所需茎尖大小是不同的。通常茎尖培养脱毒效果的好坏与茎尖大小呈负相关，即切取茎尖越小，脱毒效果越好；而培养茎尖成活率的高低则与茎尖的大小呈正相关，即切取茎尖越小，成活率越低。所以，具体应用时既要考虑脱毒效果，又要考虑其提高成活率。一般切取 0.2～0.3 mm，带 1～2 个叶原基的茎尖作为培养材料较好。

### （二）茎尖培养脱毒的方法

茎尖脱毒一般包括以下三个环节：取材与消毒、茎尖剥离与接种、培养。

1．取材与消毒

取材可在春秋两季，选择田间生长旺盛、健康或患病较轻的植株，摘取 2～3 cm 长新梢，去掉较大叶片，用自来水冲洗片刻即可消毒。对于多年生植物，休眠的顶芽和腋芽也可作为试验材料。植物茎尖分生组织有彼此重叠的叶原基严密保护，是高度无菌的，但必须对芽进行表面消毒。

消毒一般在超净工作台或无菌室内进行，先把材料浸入 70%酒精溶液，30 s 后用 10%漂白粉上清液或 0.1%升汞消毒 10～15 min，消毒时可上下摇动，使药液与材料表面充分接触，达到彻底杀菌，最后再用无菌水冲洗3～5次，然后即可剥离茎尖。

2．茎尖剥离与接种

将消毒好的材料放到垫有无菌滤纸的培养皿中，置于双目解剖镜下，用解剖针仔细剥离幼叶和叶原基，待露出一个呈闪亮半圆球形的茎尖时，切取 0.1～0.2 mm大小，仅留1～2个叶原基的茎尖分生组织，立即挑入培养基上。

3．培养

茎尖分化增殖所需时间因外植体大小而异，一般需培养3～4个月，中间要转换3～4次新鲜的培养基，由茎尖长出的新芽，常常能在原来的培养基上生根，也有些植物不能生根，需要经过生根诱导，具体方法是把2～3 cm高的无根试管苗转入生根培养基中，1～2个月后长出不定根。

## 二、热处理脱毒

### （一）热处理脱毒的原理

1889年，印度尼西亚爪哇有人发现，将患枯萎病的甘蔗（现已知为病毒病），放在50～52℃的热水中保持30 min，甘蔗就可去病生长良好。这个方法被广泛应用于甘蔗种植中，现在世界上很多甘蔗生产国，每年在栽种前把几千吨甘蔗切段放在大水锅里进行处理。

热处理之所以能去除病毒，主要是利用某些病毒受热以后的不稳定性，而使病毒钝化，失去活性。这是因为病毒和植物细胞对高温的忍耐性不同，高温可延缓病毒扩散速度和抑制其增殖，不能生成或生成很少，以致病毒浓度不断降低，持续一段时间，病毒即自行消失，而植物茎尖不受伤害，从而达到脱毒的目的。

### （二）热处理脱毒的方法

热处理方法有两种：热水浸泡和高温空气处理。

热水浸泡处理是将剪下的接穗或植物材料，在50℃的热水中浸泡数分钟或数小时，可使病毒失活，但易使材料受损伤，水温到55℃时则大多数植物会被杀死。此法适合甘蔗、木本植物和休眠芽。

高温空气处理是让感病植物在35～40℃热空气中生长发育，达到脱除病毒的目的。处理时间的长短因病毒种类不同可由数分钟到数周不等。热处理之后要立即把茎尖切下来嫁接到无病的砧木上。该方法对活跃生长的茎尖效果较好，既能消除病毒，又能使寄生植物有较高的存活机会。目前热处理大多采用这种方法。

应用热处理消除病毒的一个主要限制在于并非所有病毒都对热处理敏感。热处理只对那些球状的病毒（如葡萄扇叶病毒、苹果花叶病毒）或线状的病毒（如马铃薯X病毒、Y病毒，康乃馨病毒）有效果，而对杆状病毒（如牛蒡斑驳病毒、千日红病毒）不起作用。所以，热处理也不能除去所有的病毒，同时处理效果也不一致。

（三）其他组织培养脱毒方法

1．热处理结合茎尖培养脱毒

将热处理与茎尖分生组织培养结合起来，则可以取稍大的茎尖进行培养，这样能够尽管茎尖分生组织常常不带病毒，但不能把它看成是一种普遍现象。研究表明，某些病毒实际上也能侵染正在生长中的茎尖分生区域。如在菊花中，由0.3～0.6 mm长茎尖的愈伤组织形成的全部植株都带有病毒。已知能侵染茎尖分生组织的其他病毒有烟草花叶病毒（YMV）、马铃薯X病毒以及黄瓜花叶病毒（CMV）。

热处理可在切取茎尖之前的母株上进行，即在热处理之后的母体植株上，切取较大的茎尖（长约0.5 mm）进行培养。也可先进行茎尖培养，然后再用试管苗进行热处理，也可获得较多的无病毒个体，但是热处理结合茎尖培养脱毒法的不足之处是脱毒时间相对延长。

2．微体嫁接

微体嫁接是组织培养与嫁接方法相结合来获得无病毒苗木的一种新技术。它是将0.1～0.2 mm的茎尖作为接穗，嫁接到由试管中培养出来的无菌实生砧木上，继续进行试管培养，愈合成为完整的植株。

对于某些营养繁殖难以生根的植物种类或品种，可以借助试管微体嫁接方法，解决茎尖培养过程中生根难的问题，同时因为采用茎尖分生组织作接穗，获得的便是无病毒植株。

影响微体嫁接成活的因素主要是接穗的大小。试管内嫁接成活的可能性与接穗的大小呈正相关，而无病毒植株的培育与接穗茎尖的大小呈负相关。所以，为了获得无病毒植株，可以采用带有两个叶原基的茎尖分生组织作接穗。微体嫁接技术难度较大，不易掌握，与实际应用还有一定距离。但随着新技术的发展与完善，微体嫁接技术也会有很大发展。

3．抗病毒药剂脱毒

近年来的研究表明，在茎尖培养和原生质体培养中，在培养基内加抗病毒醚能抑制病毒复制。抗病毒醚是一种对脱氧核糖核酸（DNA）或核糖核酸（RNA）具有广谱作用的人工合成核苷物质。

对于抗病毒药剂的应用效果，因病毒种类不同而有差异。目前用此法也不可能脱除所有病毒，如果使用不当，药害现象比较严重，此种脱毒处理还处于探索阶段。

## 工作任务 2 脱毒苗鉴定与利用

### 一、无病毒植物的鉴定

利用生长点培养无病毒苗的成活率和脱毒率都非常低，有时无毒株只占 1‰。因此，每一茎尖分化产生的植株，在作为母本生产无病毒原种以前，必须进行特定病毒鉴定。由于在培养的植株中许多病毒具有延迟的恢复期，所以在最初 18 个月中每隔一定时间仍需进行鉴定。只有对待定的病毒显示持续阴性反应的无病毒植株，才能进一步扩大繁殖。无病毒植株容易再被感染，因此在繁殖的不同时期仍需重复进行鉴定。

经脱毒培育得到的植株，必须经过植物病毒检测，确定是无病毒植株，才能提供给生产单位推广应用。植物病毒的诊断与鉴定方法有以下几种。

#### （一）目测症状法

脱毒苗叶色浓绿，均匀一致，长势好。带毒株长势弱，叶片表现褪绿条斑、扭曲、植株矮化（大蒜），花叶或明脉、脉坏死、卷叶、植株束顶和矮缩等（马铃薯），花叶褪绿斑点（甘薯、康乃馨等）。表现出病毒病症状的植株可初步定为病株。根据症状诊断要注意区分病毒病症状与植物的生理性障碍、机械损伤、虫害及药害等表现。如果难以分辨，需结合应用其他诊断、鉴定方法，综合分析、判断。

#### （二）指示植物法

指示植物即接种某种病毒后表现特有症状的植物。主要植物种类有：苋色藜、昆诺阿藜、大灰藜、巴西牵牛和千日红等。

病毒在其他植物上出现症状的特征，可作为鉴别种类的标准。这种专用于产生症状的寄主即为指示植物，又称为鉴定寄主。指示植物分为两种类型：一种在接种后产生的症状可扩大到非接种部位，另一种只在接种部位产生病斑。接种时取待测植物的幼叶，加少量或等量 0.1 mol/L 磷酸缓冲液（pH 7.0），磨成匀浆，吸取少量浆液涂抹在事先涂有 500～600 目金刚砂（有利于破损叶片表面细胞）部分，轻轻摩擦，使浆液能侵入叶片表皮细胞但又不损伤叶片。5 min 后用水冲洗叶面。将被接种的指示植物置于有防蚜虫网罩的温室内，15～25℃，如接种植物的浆液含有病毒，数天至几周后，指示植物即出现可见的症状。

### （三）血清学鉴定法

最常见的血清学反应是利用抗原和抗体的体外结合，产生特异性沉淀（试管沉淀、微量沉淀、凝胶扩散）。应用荧光素、酶标记（荧光抗体、酶联免疫吸附）或在电子显微镜下直接观察抗原和抗体结合（免疫电镜）等方法提高了反应灵敏度。血清学鉴定法特异性强，灵敏度高，操作简便，结果判断较客观，但必须具备优质血清和抗血清。

### （四）电子显微镜鉴定法

病毒颗粒一般为小于 0.1 μm 的微粒，人的眼睛观察不到。光学显微镜仅能观察 200 nm 的微粒，而电子显微镜则将分辨能力增强至 0.5 nm。通过电子显微镜可以观察到薄样品或部分纯化的悬浮液中的病毒。电子显微镜可直接观察有无病毒颗粒存在，并观察到病毒颗粒的大小、形状及结构，由于这些特征稳定，对病毒鉴定有很大帮助。通常所用的技术包括投影法、背景染色法、表面复形的制备与扫描电镜法，以及超薄切片法。

### （五）酶联免疫吸附法

酶联免疫吸附法是用酶标记抗原或抗体的微量测定方法。将抗体固定在支持物上，加入待检植物组织提取液，然后加入酶（过氧化物酶或碱性磷酸酶）标记的抗体，再加入底物，底物经酶催化，吸收波长发生变化，因而可用分光光度计鉴定。此法灵敏度极高，检测大量样本时特别实用。

### （六）免疫吸附电镜法

免疫吸附电镜法是电镜结合血清学检测病毒的方法，也称为陷入法。其基本过程是：将少量稀释的抗血清加到电镜铜网的膜上，孵育约 30 min，一层血清抗体蛋白质就被吸附在膜上，除去过量蛋白质，加入一滴病毒悬浮液或感染组织的提取液，1～2 h 后原来吸附在铜网上的抗体陷入同源的病毒颗粒上，在电镜下即可见到病毒粒子。

## 二、无病毒植物的利用

### （一）无病毒苗的隔离保存

无病毒苗一旦得到后，就应很好地隔离保存。这些原种材料保管得好，可以保存利用 5～10 年，在生产上就可经济有效地发挥作用。针对病毒传染途径提出以下措施。

1．土壤传染病毒

病毒会以土壤中的真菌和线虫为媒介，进入无病毒苗，所以栽培土壤应进行消毒，周围环境也要整洁，及时打药。

2．昆虫传染病毒

特别是蚜虫。所以无病毒苗应种植在隔离网室中，网纱 300 目，孔径为 0.4～0.5 mm，以防止蚜虫或其他昆虫进入。

3．接触传染病毒

已感染病毒的发芽马铃薯块茎在储存、运输和播种操作中会传染病毒。在田间，病株的病毒可通过工具、衣服接触传染病毒。

生产场所应做好蚜虫和土壤消毒工作。有条件的地方，可找适合的海岛或高冷山地，气候凉爽，虫害少，有利于无病毒材料的生长、繁殖。

### （二）无病毒植物的利用

无病毒植物在生产中应用时，其中一个重要的措施是防止病毒的再感染。生产场所应根据病毒侵染途径的不同做好土壤消毒及蚜虫防治工作。有的连续种植几年不感染病毒，有的仅几个月即可被感染。在新种植区及种植规模小的地方，需要长时间才能再度感染。而在种植时间长、重作区及种植规模大的产地则在短期内就可感染。在应用无毒苗时，应建立无毒原原种、原种的种圃园，经常抽查病毒的感染情况，随时脱毒复壮。

### （三）无病毒植物的效果

无病毒植物表现出明显的效果，如草莓可增产 20%～50%，植株结果多，单果重增加，上等果比例提高。菊花切花品种的脱病毒株，表现出植株高度增加，花茎粗，叶色绿，切花产量高，观赏价值和商品价值高。

## 复习思考题

1．植物脱毒的主要方法有哪些？其原理是什么？

2．目前鉴定脱毒苗的方法有哪些？各自有何特点？

3．脱毒苗保存有哪些方法？

# 实训 3-1　微茎尖的剥离训练

### 一、目的要求

熟练掌握不同植物外植体表面消毒及其微茎尖切割的技术。

### 二、材料与用具用品

1．实验材料

植物的嫩茎。

2．实验用具

剪刀、解剖刀、镊子、接种盘、显微镜、MS 培养基等。

### 三、方法步骤

1．将解剖镜置于超净工作台上，对接种室、超净工作台和解剖镜等进行常规的灭菌和消毒。

2．外植体材料消毒。剥取茎尖和腋芽。切取植株的顶芽或腋芽 3～5 cm，去掉叶片，保留护芽的嫩叶柄。用洗涤液或洗衣粉水洗涤，尤其是腋芽的叶柄处用软毛刷涮擦，再用清水反复冲洗干净。置于超净无菌条件下，将材料用 0.1%升汞溶液进行表面消毒，轻轻地摇动，消毒彻底，再用无菌水冲洗数次，放到无菌的吸水纸上吸干水分。

3．剥离微茎尖。将材料置于解剖镜下无菌的盘子内，剥去端部的嫩苞叶，露出锥形体，切取 0.3 mm 和 0.5 mm 两个不同长度的茎尖，带两个叶原基，迅速接种到预先配制好的模拟培养基上，防止茎尖脱水。接种时应使茎尖向上，不能倒置。

4．反复多剥几个微茎尖，提高熟练程度。

### 四、作业

在进行微茎尖剥离时，应注意哪些问题？

# 项目四　植物组培苗工厂化生产与管理

**学习目标：**

1．熟悉植物组织培养苗生产工厂的设计要点。

2．熟悉植物组培苗工厂化生产的工艺流程。

3．掌握植物组培苗生产成本核算与效益分析，熟悉提高植物组培苗生产效益的措施。

植物组培苗的工厂化生产是指在人工控制的最佳环境条件下，充分利用自然资源和社会资源，采用标准化、机械化、自动化技术，高效率地按计划批量生产优质植物苗木。组织培养工厂化育苗主要应用于植物快繁和脱毒苗生产，目前已有不少花卉、果树、蔬菜等经济作物采用组织培养技术，利用具有规模生产条件的组培苗生产线进行大规模的工厂化生产。

进行植物组培苗的工厂化生产需要一定的基础设施和设备，在生产过程中应一体化设计生产工艺流程，根据市场需求安排生产计划，并加强生产和销售过程中的科学管理，最大限度地降低生产成本，才能获取良好的经济效益。

## 工作任务 1　植物组培苗生产工厂的设计

进行植物组培苗大规模生产，首先需要建立生产工厂。植物组培苗生产工厂应根据培养目标和规模来设计，其规模的确定应以市场需求、年预期产量、投资额、现有条件等因素综合考虑。植物组培苗生产工厂设计重点是要做好厂址的选择和厂区规划。

### 一、厂址选择

厂址选择应因地制宜，主要有以下几点要求。

（1）交通便利，既方便各种物资采购，也有利于产品销售，一般是选择在城市近郊建厂。

（2）远离各种污染，尤其避免粉尘和有毒气体污染源，要求周边环境清洁，空气清新，以有利于植物生长。

（3）水、电供应系统畅通，排水方便，地下水位在 1.5 m 以下。

## 二、厂区规划

厂区规划要体现系统性、适用性，符合生产工艺流程要求，各生产车间流水线式设计布局合理，便于操作，有利于提高生产效率。植物组培工厂化育苗生产车间一般由洗涤车间、培养基制备车间、接种车间、培养车间、组培苗驯化车间、育苗圃等部分组成。另外，还可根据条件修建办公室、仓库、冷藏室等管理和生产辅助设施。

1．洗涤车间

洗涤车间的主要功能是进行玻璃器皿、培养容器的洗涤、干燥和植物材料的预处理。车间面积根据工作量确定，室内应铺设水泥地面，安装换气通风扇，排水畅通，并配备水槽、洗瓶机、立体多层器皿架、烘箱、器械柜、医用小推车、工作台等设施设备。

2．培养基制备车间

培养基制备车间的主要功能包括母液及试剂存放、培养基的配制、分装、灭菌，有条件的可在此车间内单设药品存放室、称量（天平）室及灭菌室。车间内应配有药品架、工作台、高压蒸汽灭菌锅（手提式、全自动立式或大型卧式等不同规格）、医用器械柜，冰箱、电炉、培养基分装器、恒温箱、纯水机等。此车间面积根据工作量确定，可适当稍大些，以方便操作。

3．接种车间

接种车间的主要功能是用于植物材料的消毒及接种、试管苗的转接等无菌操作。接种车间应配套有缓冲间。车间面积根据生产量确定，但不宜过大，可以内设几个小接种间，要求地面平坦，墙壁光滑，易于进行清洁和消毒处理，有利于无菌环境控制。缓冲室、接种室内安装紫外线杀菌灯，用于环境消毒。接种车间应配套一定数量的超净工作台、医用小推车、接种工具等设施设备。为了提高劳动生产率和降低生产成本，可以引进自动化设备生产线，可省去大量的人工洗瓶、烘瓶、灌装等复杂工序，显著提高工作效率。

4．培养车间

培养车间的主要功能是进行试管苗的培养。应根据生产规模确定培养车间的面积大小，最好设计多个培养间，便于对培养条件的均匀控制。若要进行细胞培养，需设液体振动培养间。培养车间墙壁最好使用保温隔热材料，位置安排在向阳面，多安装玻璃窗户透光，充分采用自然光线，这样既有利于幼苗生长，又可减少补光时间，节约能源，降低生产成本。培养室内摆放光照培养架，安装空调、除湿和加湿设备，以及自动控时开关、紫外线杀菌灯等。

5．组培苗驯化车间

组培苗驯化车间的主要功能是进行组培苗的移栽炼苗驯化。一般是采用配套温，温室应有防虫、控温、控光及喷雾设施。温室内采用电热温床，对于大批量的育苗移栽操作更方便，并有利于提高移栽成活率。

6．育苗圃

育苗圃可分为原种圃和繁殖圃。原种圃主要用于引进和保存育苗所需的优良的种质资源（母本株），并作为组培生产的取材圃，采用防虫网室内种植，部分种质资源还可采用离体冷藏方式保存；繁殖圃用于扩繁组培苗及培育商品苗，用于脱毒苗繁殖应采用防虫网室隔离繁殖，繁殖圃内还应适当配备喷雾加湿、遮阳设施。

7. 冷藏室、仓库等附属用房

冷藏室主要用于对一些材料进行低温处理，以延缓其分化和生长速度，便于根据市场需求安排生产计划，调节供应种苗。特别是大规模生产一些鲜切花时，配备冷藏室尤其重要。另外，一些球根花卉，如唐菖蒲、郁金香等的小球茎需要置于冷藏室，在 3～5℃下冷藏 1 个月以打破休眠。

仓库用于存放备用的玻璃器皿、培养容器、器械用具及药品等。可以选择背阳的房间作仓库，其中药品仓库要求干燥、通风、避光，配备药品柜等设施，对有毒有害药品应安排专人保管，加强安全管理措施。

## 工作任务 2 植物组培苗工厂化生产

生产计划是根据市场需求和经营策略，对未来一定时期的生产目标和活动所做的统一安排。生产计划的制订是进行组培苗规范化生产的关键，生产量不足或过剩都会直接影响经济效益。在实际生产中，首先应对植物材料的增殖率做出一个切合实际的估算，再根据生产能力和市场需求制订相应的生产计划，并有效组织生产。

### 一、试管苗增殖率的估算

试管苗增殖率是指植物快速繁殖中繁殖体的繁殖率。通常试管苗增殖率的估算多以芽或苗为单位，原球茎或胚状体以瓶为单位。

1．试管苗的理论增殖值计算

试管苗理论增殖值是指接种一个芽或一块增殖培养物，经过一定时间的培养后得到的芽或苗数量，也即是试管苗理论的年繁殖量，其计算公式为：

$$Y = mX^n$$

式中：$Y$—— 年繁殖数；

$m$—— 无菌母株苗数；

$X$—— 每个培养周期的增殖倍数；

$n$—— 全年可增殖的周期次数。

例如，一株高 6 cm 的马铃薯试管苗，被剪成 4 段转接于继代培养基上，30 d 后这些茎段平均又再生出 3 个 6 cm 高的新苗。如此反复培养，一株马铃薯试管苗半年后的理论繁殖量计算方法为：

$$Y = mX^n = 1\times(4\times3)^6\text{株} = 2\,985\,984\text{株}$$

即一株马铃薯试管苗经半年的继代培养后，理论上可以获得 2 985 984 株新生试管苗。

又如，在葡萄试管苗的生产中，若一株无菌苗每周期增殖 3 倍，一个月为一个繁殖周期，生产时间为每年 8 月至次年 2 月。那么，欲培育 5 000 株成苗应当从多少株无菌苗开始进行培养？根据上述公式可知，$m = Y/X^n$，即得：

$$m = (5\,000/3^6)\text{株} \approx 6.86\text{株}$$

即欲培育 5 000 株成苗，理论上应当从 6.86 株无菌苗开始进行培养。

2．试管苗的实际增殖值计算

试管苗的实际增殖率是指接种一个芽或转接一个苗，经过一定的繁殖周期所得到的实际芽或苗数。由于在继代扩繁过程中可能会出现污染苗、弱苗，移栽过程中出现死苗等现象，以及其他一些不确定因素的影响，试管苗生产的理论增殖率与实际产量会有很大差异。

试管苗的实际增殖率计算方法需要通过生产实践的经验累积而获得。为了使计算数据更接近实际生产值，有必要引入有效苗和有效繁殖系数等概念。有效苗是指在一定时间内平均生产的符合一定质量要求的能真正用于继代或生根的试管苗；有效苗率是指有效苗在繁殖得到的新苗数中所占的比率；有效繁殖系数是指平均每次继代培养中由一个苗得到有效新苗的个数。

若设 $N_e$ 为有效苗数，$N_0$ 为原接种苗数，$N_t$ 为新苗数，$L$ 为损耗苗数，$C$ 为有效繁殖系数，$P_e$ 为有效苗率，则有：

$$N_e = N_t - L, P_e = N_e / N_t, C = N_e / N_0 = N_t \cdot P_e / N_0$$

那么，$m$ 个外植体连续 $n$ 次继代繁殖后所获得的有效试管苗数 $Y$ 为：

$$Y = mC^n = m(N_e / N_0)^n = m(N_t P_e / N_0)^n$$

式中：$Y$——有效试管苗数；

$m$——无菌母株苗数；

$n$——全年可增殖的周期次数。

例如，一株高 6 cm 的马铃薯试管苗，被剪成 4 段转接于继代培养基上，30 d 后这些茎段平均又再生出 3 个 6 cm 高的新苗，其中可用于再次转接繁殖的苗为新生苗的 85%。如此反复培养，半年后一株马铃薯试管苗的繁殖量为：

$$Y = m(N_t P_e / N_0)^n = 1 \times (4 \times 3 \times 4 \times 85\% / 4)^6 \text{株} \approx 1\,126\,162 \text{株}$$

由试管苗到合格的商品苗，一般还要经过生根培养、炼苗与移栽等程序，其中也客观存在消耗。若有效生根率（有效生根苗占总生根苗的百分数）为 $R_1$，生根苗移栽成活率为 $R_2$，成活苗中合格商品苗率为 $R_3$。那么，$m$ 个外植体经过一定时间的试管繁殖后所获得的合格商品苗总量 $M$ 为：

$$M = Y \times R_1 \times R_2 \times R_3$$

例如，若马铃薯试管苗的有效诱导生根率为 85%，移栽成活率为 90%，合格商品苗的获得率为 95%。那么，上例中所得的试管苗最终可以培养出的合格商品苗数量为：

$$M = Y \times R_1 \times R_2 \times R_3 = 1126\,162 \times 85\% \times 90\% \times 95\% \text{株} \approx 818\,438 \text{株}$$

相比之下，理论估算值比有效增殖值高出 2.65 倍，比合格商品苗总量高出 3.65 倍。可见，引入有效苗和有效繁殖系数等概念后，组培苗增殖值与合格商品苗产量等数值的计算更加符合生产实际。

3．生产计划的制订

商业化生产计划制订应考虑市场对试管苗的种类和数量的需求及趋势，以及自身具备的生产能力（生产条件及规模）。首先应提出全年的销售目标，再根据实际生产中各个环节的消耗制订出相应的全年生产计划。即：

$$\text{计划生产数量} = \frac{\text{计划销售数量}}{(1 - \text{耗损费}) \times \text{移栽成活率}}$$

一般情况下，若生产过程中损耗率为 5%～10%，实际生产数量应比计划销售数量增加 20%～30%。

销售计划和生产计划应按月份做出，并依据当年总计划进行确认和调整。生产日期则根据销售计划拟定。当然，根据市场需求拟定的生产计划，在实际生产过程中还应根据市场变化及时调整，以促进试管苗的适时生产和有效销售。

4．生产计划的实施

组培苗生产计划实施步骤主要为：①准备繁殖材料，建立无性繁殖系。繁殖材料必须是来源清楚、无检疫性病害、无肉眼可见病害症状、具有典型品种特性的优良单株或群体。当初代培养外植体增殖形成 5～10 个繁殖芽时，需及时进行品种危害性病毒检测，淘汰带病毒材料。②试管苗繁殖材料的快速增殖。当其达到所需基数时，存架增殖总瓶数的控制就成为影响试管苗生产效益的关键因素。存架增殖瓶数过多，易产生人力和设备不足，增殖材料积压并老化，影响出瓶苗质量和移栽成活率，增加生产成本；反之则使基本苗不足，延误出苗时期，不能完成生产计划，同样会造成经济损失。根据增殖的总瓶数及操作人员的工作效率，还可计算出生产过程中需投入的人力，保证商业化顺利进行。

存瓶增殖总瓶数=月计划生产苗数/每个增殖瓶月可产苗数

月计划生产苗数=每个操作人员每天可接苗数×月工作日×操作人员数

## 工作任务 3　植物组培苗生产成本核算与收益分析

商业化生产的最终目的是要获取经济效益，因此需要进行生产成本核算与效益分析。生产成本核算也是组培苗产品价格制定的主要依据。并且，通过成本核算可以反映组培苗生产企业经营管理状况，也可以了解生产过程中各种消耗，以便改进工艺流程，改善生产中的弱环节，提高生产效益。

### 一、植物组培苗生产成本核算

组培苗工厂化生产既有工业生产的特点，可周年在室内生产，又有农业生产的特征，在温室或田间种植，受季节和气候等因素的影响；还存在植物种类间、品种间的繁殖系数和生长速度的差异。因此，组培苗生产成本核算方法较为复杂。一般情况下，组培苗商业化生产成本核算应包括直接生产成本投入、固定资产折旧、市场营销和经营管理开支。

1．直接生产成本

按生产 50 万株组培苗的全过程中（包括诱导、继代、生根诱导等），消耗

8 000～10 000 L 培养基计算，制备培养基的药品、技术人员工资、电能消耗及各种消耗品约需直接生产成本 4 万元。其中，组培苗培养过程中温度、湿度和光照的控制以及培养基制备及灭菌的电能消耗常占极大比重。一般情况下每株组培苗的直接成本可控制在 0.45 元以内。

2．固定资产折旧

按年产 50 万株组培苗的工厂规模，约需厂房和基本设备投资 150 万元计算，如果按每年 5%折旧推算，即 7.5 万元的折旧费，则每株组培苗将增加成本费 0.15 元左右。

3．市场营销和经营管理开支

一般指销售人员工资、差旅费、种苗包装费、运输费、保险费、广告费、展销费等。如果市场营销和各项经营管理费用的开支按苗木原始成本的 30%运作计算，每株组培幼苗的成本增加 0.10～0.12 元。

以上各项成本合计，每株组培幼苗的生产成本在 0.40～0.70 元。因此，组培育苗工厂在决定生产种类时一定要慎重，避免盲目投入。要选择有发展潜力、市场前景看好、售价较高的品种进行规模生产。否则，可能造成亏损。

## 二、提高植物组培苗生产效益的措施

要提高植物组培苗商品化生产效益，一方面应注意选择珍稀、名特优和脱毒种苗生产，取得市场产品优势；另一方面应针对试管苗生产所需的费用，采取相应措施降低生产成本，增强产品竞争力，提高经济效益。

1．严格管理制度，提高劳动生产率

实行责任制，生产分段承包、责任到人、定额管理、计件工资、效益与工资挂钩，激励生产员工的工作热情与责任心，奖优罚劣是提高劳动生产率的有效措施。作为组培苗的生产企业可以利用经济欠发达地区的廉价劳动力，降低劳动成本，增强企业竞争力，加强工人的技能培训，优化工艺流程，以提高劳动生产率。

2．减少设备投资，延长使用寿命

组培工厂化生产所需的仪器设备价格昂贵，一般企业在仪器设备上投资，少则数万元，多则数十万元。且仪器设备的折旧费在组培苗的生产成本中少则 10%，多则 20%以上。正确使用仪器设备，及时维修，延长使用寿命，是降低成本、提高效益的一个重要措施。

3．降低消耗

组培苗生产中使用量最大的是培养器皿，如用玻璃三角瓶，则价格较高，又容易破损，可使用耐高温高压的塑料培养器皿或果酱瓶、罐头瓶，可大大节省费用。水电费用在组培苗的生产成本中占 20%～40%，应尽量利用自然光照和温度，将培养室建成自然采光、利用太阳能加温的节能培养室。此外，充分利用培养室空间，合理安排培养架和培养瓶，减少能源消耗。生产上尽量用自来水、井水、泉水，减少蒸馏水的用量，用食糖代替蔗糖，电费价格高的地区可改用锅炉蒸汽、煤炉、煤气炉或柴炉等进行高压蒸汽灭菌，这些措施都可节省费用，降低生产成本。

4．减少污染，提高繁殖率和移栽成活率

生产中的污染不仅造成人力、财力的浪费，还会造成环境污染。所以必须控制好各个环节，严格无菌操作规范，减少污染，一般进行正式生产时污染率应当控制在 5%以内。同时，通过生产技术改进，提高增殖率，保证组培苗生根率达 95%以上，炼苗成活率达 90%以上，并提高试管苗和商品苗的质量，也是降低成本、增加效益的有效措施。

## 复习思考题

1．如何进行组培苗生产工厂的设计？

2．如何计算组培苗的繁殖增殖率？

3．通常提高组培苗生产效益的措施有哪些？

# 项目五　花卉组织培养技术

**学习目标：**

1．熟悉兰花的组织培养快繁生产技术。

2．了解植物组织培养技术在观赏花卉生产中的应用情况。

## 工作任务 1　蝴蝶兰的组织培养

蝴蝶兰属兰科蝴蝶兰属植物。其花形奇特，姿态优雅，色彩鲜艳，花期长久，素有“兰花皇后”之美誉（图 5-1），观赏价值极高，深受人们的喜爱，国内外市场的需求量越来越大。该属有 40 余个原种，分布于亚洲与大洋洲热带和亚热带地区。我国云南南部、西藏南部、广东南部、海南及台湾为该属植物的最北分界线。其多生于阴湿多雾的热带森林中离地 3～5 m 的树干上，也有长于溪涧旁的湿石上，具有极高的观赏价值和经济价值。蝴蝶兰为典型的单茎性热带附生兰，植株很少发生侧枝，分株繁殖系数极低；其种子内不含胚乳，自然条件下很难萌发，发芽率极低，故自身的营养繁殖和种子繁殖均难以满足大量繁殖的需要。组织培养和无菌播种是其大量繁殖的重要手段。应用植物组织培养技术进行蝴蝶兰快速繁殖可以缩短繁育周期，获得大量成株，并且可以保持优良性状，维护种质资源。

图 5-1　蝴蝶兰

蝴蝶兰组织培养快速繁殖主要通过两条途径：一是利用种子无菌发芽；二是从离体器官诱导产生原球茎，通过原球茎的增殖培养，得到大量幼苗。早在1949年，Potor利用无菌培养技术成功地促使蝴蝶兰花梗上的休眠芽发育成完整植株，该方法经过其他研究人员改进后，曾一度成为蝴蝶兰的主要无性繁殖方式。1974年，Intuwong等利用蝴蝶兰茎尖诱导产生了原球茎，再由原球茎分化成植株，为实现蝴蝶兰工广化生产奠定了基础。

蝴蝶兰的组织培养中有几个关键的时期，即原球茎的诱导、原球茎的继代增殖、壮苗的培育。

## 一、离体器官诱导原球茎

蝴蝶兰茎尖、茎段、叶片、花梗侧芽、花梗节间、根尖、根段等均可作为外植体进行培养，只是难度有所不同。

### （一）花梗腋芽的培养（图5-2）

1. 取材部位

蝴蝶兰的组织培养以带节花梗为外植体效果较好，也容易成功。在将开花的植株上，当花梗抽出15 cm左右时，取材较为适宜。在整个花梗中，其顶端的节首生花蕾，而中部和基部的节都生有苞叶覆盖的腋芽，但基部的2～3节通常萌发力较弱而不采用。所以，取花梗侧芽作为外植体时，以中部的几节较为适宜。

2. 消毒与接种

在温室中，剪取整枝花梗，经流水冲洗后，首先用10%次氯酸钠溶液表面消毒5 min，无菌水冲洗干净，然后剥去最外一层苞叶，再用5%次氯酸钠溶液消毒15 min，无菌水冲洗干净后，将花梗剪成长约2 cm带腋芽的切段，基部向下插入MS + 6-BA 3.0～5.0 mg/L的培养基上。3～4周后腋芽明显膨大变绿，6～8周后腋芽生长成为小植株，并在基部开始生有丛生芽。

3. 培养条件

花梗腋芽的培养，要求温度25～28℃，光照度1 000～2 000 lx，光照每天10 h，培养基中蔗糖30 g/L、琼脂6 g/L。

除了MS培养基外，还可用Kyoto培养基进行蝴蝶兰花梗腋芽的诱导。其培养基为花宝1号3 g、胰蛋白2 g、蔗糖35 g、琼脂15 g、水1 000 ml，pH 5.0，培养温度（25±1）℃，光照度1 500 lx，光照每天12 h。接种后7 d左右，腋芽膨大并向外伸长，30 d后长出小叶，55 d后就有4～5片叶子。此时，幼苗生长正常，但花梗组织基部均变黑色，培养基也会变黑色，应及时将幼苗切离花梗，转芽增殖培养，经 50 d 左右的培养，苗基部膨大并长出丛生芽，将幼苗转至生根培养基（同诱导腋芽启动培养基），45 d 左右即可长出肥壮的根。

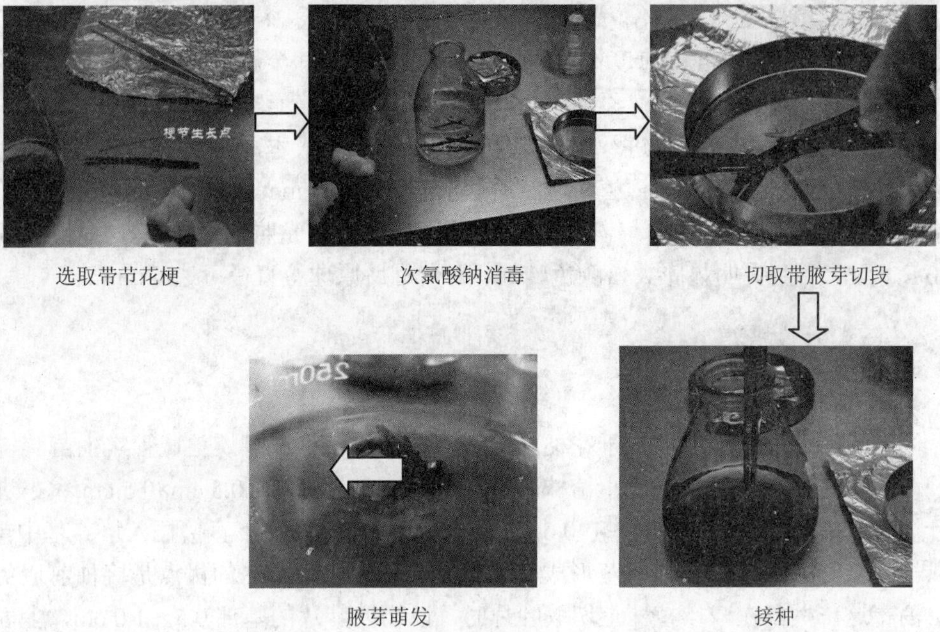


图 5-2 蝴蝶兰花梗组织培养

（二）茎尖培养

蝴蝶兰作为单轴类的兰科植物，极少有侧芽产生，所以不能像其他兰花一样切取侧芽作为外植体。只有少数品种，在长日照条件下栽培，花茎基部的隐芽可以萌发成小苗。因此，蝴蝶兰的茎尖培养只能切取幼苗或成株苗的顶尖作为外植体。

1. 茎尖的切取

通常采用 5～6 片叶片的幼苗茎尖效果较好。先将叶片的大部分切掉，除去叶的茎在流水下冲洗干净，在超净工作台上用 10%次氯酸钠溶液作表面消毒 15 min，除去叶原基后，再用 5%次氯酸钠溶液灭菌 10 min，然后用无菌水冲洗干净，无菌条件下切取茎尖及叶基部的腋芽，大小 2～3 mm，然后接种于事先备好的培养基上。

2. 培养基

茎尖培养采用 VW 培养基进行液体培养或固体培养，固体培养时添加琼脂

9 g、蔗糖 20 g、15%的椰乳，pH5.4。

3．培养条件

培养温度以 25℃为宜，光照度 2 000 lx，光照每天 16～24 h。液体培养时，可控制摇床 160 r/min 的速度作振荡培养，7～10 d 转移至新培养基，约一个月的时间即诱导出原球茎，此时再转移至固体培养基继续培养。

因这种方法切取茎尖进行培养，会牺牲母株增加成本，所以，可先以花梗侧芽作外植体培养完整的试管植株，然后切取其茎尖 0.3 mm，不用消毒，直接种在添加 6-BA3.0 mg/L 的 MS 培养基上，培养温度 25℃，光照度 1 500 lx，光照每天 10 h，两周后茎尖明显膨大，颜色转绿，3 个月后原球茎直径可达 6 mm。

（三）叶片培养

1．取材部位

叶片培养时，一般取材于花梗腋芽培养成的小植株或蝴蝶兰试管实生苗。

采用花梗腋芽培养成的小植株叶片时，可将其叶片切成 0.5 cm×0.5 cm 大小进行接种，试管实生苗以 100～120 d 的幼苗为宜，将整叶切下直接插入培养基中，以第一个叶片（顶部）原球茎形成效果最好。以上两种方法的优点是接种前避免了消毒这一关。在成年植株上切取叶片时，以切取叶片的基部 0.5～1.0 cm，上表面朝上平放为宜，其原球茎形成的比率较高。

2．培养基

叶片培养时，选用的基本培养基为 Kyoto 改良培养基，附加 KT 10.0 mg/L、NAA 5.0 mg/L 及 10%苹果汁或椰乳，也有人用 Kyoto 培养基附加 6-BA 10.0 mg/L、NAA 10.0 mg/L 及 10.0 mg/L 腺嘌呤，也可用 MS 培养基或 VW 培养基，培养基中蔗糖 30 g/L，琼脂 9 g/L，pH 调整为 5.4。

3．培养条件

温度为 25℃，光照度 500 lx，光照每天 16 h。

## 二、继代培养

1．从生芽继代

花梗腋芽培养生成的丛生芽，经 55～60 d 的培养。花梗基部和培养基逐渐变黑，这时将丛生芽切下转接到 MS+6-BA 3.0～5.0 mg/ L 的培养基继代培养，约 50 d 后可生成新的丛生芽，增殖倍数为 3～4。

从生芽增殖率较低，但能保持母株性状，操作也比较容易，成功率高。随着 6-BA 浓度的提高，丛生芽增殖率显著升高，但丛生芽变小、褐化率也增加，其中以 6-BA 5 mg/L 最合适。

在较低温度（24℃）和较高浓度 6-BA 中蝴蝶兰花梗侧芽能诱导产生花葶，将花葶切片成 1～2 mm 后接种在 MS+NAA 0.5 mg/L+6-BA 5 mg/L 培养基上可诱导不定芽，培养基添加的糖浓度以 15 g/L 为宜，每年每个花葶可增殖约 2 万株小苗。

2．原球茎继代

当采用茎尖、叶片或根尖等外植体培养诱导出的原球茎达到一定大小并长满瓶时，需及时继代增殖，即在无菌条件下切成小块，接种到新鲜的培养基中，切块大小应在 2 mm×2 mm 以上，切块太小易褐化死亡，接种密度越大增殖效果越好，表现出明显的群体效应。继代培养基以 MS 为基本培养基，添加 5～10 mg/L 的 6-BA、1 mg/L 的 NAA，增殖培养基中添加苹果汁、香蕉汁、椰乳可加快原球茎增殖，其中以添加 10%椰乳的效果最佳。

原球茎在增殖的同时也有一些分化成小苗。MS 培养基利于增殖，而 KC 培养基利于原球茎分化成芽。原球茎的快速增殖与分化可以用 6-BA 来调控，高浓度（＞1.0 mg/L）能明显促进原球茎增殖，低浓度（0.4 mg/L）可促进分化。在改良 KC 培养基上其增殖量是 KC 培养基的 2.5 倍以上，且成本低、易配制，十分适合生产应用。

在原球茎增殖培养基中，同时附加 6-BA 和 NAA 比单独使用更利于蝴蝶兰原球茎增殖，低浓度 6-BA 对原球茎增殖启动有利，而 NAA 利于增殖速度的维持。在基本培养基中加入活性炭可减少原球茎污染，并明显减轻原球茎的钙化程度，防止褐变；而加入马铃薯汁可保持原球茎表面湿润，利于增殖和生长，以含胶质的果菜汁替代椰乳，在不加任何激素的情况下原球茎的增殖效果仍很好。

## 三、生根培养

当原球茎继代增殖到一定数量后，原球茎在继代培养基中或转移到生根育苗培养基中培养，均可分化出芽，并逐渐发育成丛生小植株。在无菌条件下，切下丛生小植株，接种到生根培养基（生根培养以 Kyoto 培养基生根效果较好）中，进行生根培养。

生根阶段以较低无机盐浓度有利于根的发生和生长，如低盐培养 1/4 MS 较适合生根培养。激素比例以较低分裂素和生长素为宜，且当 6-BA 与 NAA 的比值适宜时，以 1 mg/L6-BA、0.5 mg/L NAA 组合效果最佳，根长势较好。同时添加一些天然提取物，如马铃薯汁作为复合添加物对生根较为有利，将芽接种到附加香蕉汁的培养基上壮苗生根，植株可迅速生长，椰乳等也可促进生根。另外，适宜浓度的活性炭有利于蝴蝶兰生根培养。

### 四、炼苗、移栽

当试管苗具 3～4 片叶，生根苗长至 3～5 cm 时可进行炼苗，将培养瓶放到栽培温室中炼苗 3～4 d。炼苗后，小心将苗从瓶内取出，用清水将培养基及琼脂冲洗干净，切勿伤根，再用低浓度的多菌灵或 0.05%高锰酸钾稀溶液浸泡 5 min，可提高移栽成活率，且对污染苗移栽效果明显。

将苗取出分级晾干，双叶距大于 5 cm 的苗为特级苗，3～5 cm 的苗为一级苗，2～3 cm 的苗为二级苗。晾干后的小苗用水苔包裹根系，露出叶片和茎基，通常特级苗直接种植于 7 cm 盆中，一级苗种植于 5 cm 盆中，盆地需垫 3～5 块塑料粒，以便透水，防止盆孔被水苔堵塞。二级苗种植于 128 孔的穴盘中，或植于育苗盘中。小于 2 cm 的苗可弃去或撒植于育苗盘中。

刚移栽出瓶的小苗要保持良好的水分状况，因为小苗的抗旱能力较低，不耐长时间干燥。光线最好控制在 5 000～10 000 lx，刚出瓶时需置于较弱的光线下，5 000～7 000 lx 比较适宜。随着小苗的不断适应和生长，可逐步增加光照量。小苗移栽的温度切勿低于 20℃，最适 23℃，并保持通风良好，则有益于其快速生长。移栽后一个月内由于根系尚未伸长，视根系生长状况，每隔 7～10 d 施薄肥一次，氮、磷、钾的比例为 1∶1∶1，浓度 30～40 mg/L。并添加适量的磷酸二氢钾和微量元素，以利于根系生长和增强植株的抗病力。

## 工作任务 2　非洲菊组织培养技术

非洲菊是菊科大丁草属，为多年生宿根草本花卉，别名扶郎花、灯盏花、秋英、波斯花、千日菊。非洲菊原产于非洲南部，我国于 20 世纪 80 年代引入。非洲菊栽培品种完全由国外引进，这极大地制约了非洲菊在我国的发展。非洲菊传统的繁殖方法是种子繁殖和分株繁殖。非洲菊的种子繁殖过程中由于雌蕊和雄蕊成熟期不一致，且雌蕊和雄蕊生长高度不同等因素造成白花不孕，必须辅以人工授粉，因种子寿命很短，发芽率低，且大丁草属的资源在国外，故传统的杂交育种方法受到限制。分株繁殖受季节限制，繁殖系数低，难以满足工厂化生产的需要，且长期的无性繁殖会造成病毒积累，病虫害交叉感染，导致种性退化，花的商品质量下降。1987 年我国科研人员开发了非洲菊组织培养的快速繁殖技术，使我国的非洲菊生产得到发展。

## 一、形态特征和生物学习性

非洲菊一般株高 50～60 cm。全株具细毛，叶片基生，竖直向上或斜生，其形状随植株的生长而发生变化，从小到大由椭圆形变为长椭圆形，叶片长 15～25 cm，宽 5～8 cm，羽状浅裂或深裂，叶背具细绒毛。花由舌状花和管状花组成单生头状花序，花序顶生。舌状花较大，着生于花序的边缘，排列成一轮或数轮，从而形成单瓣或重瓣花型。

非洲菊喜冬季温和，夏季凉爽的气候条件。其最适生长温度为 20～25℃，最低 12℃，最高不超过 30℃。四季有花，以 4—5 月和 8—10 月为盛花期，低于 10℃则进入休眠期。非洲菊喜阳光充足的环境，每天日照时数不低于 12 h，能提高植株的切花率，使花朵色彩更鲜艳。它对土壤的要求如下：有机质丰富、排水良好、pH 6～6.5 的微酸性壤土。非洲菊在盐碱化严重的土壤中难以良好生长。

## 二、非洲菊组织培养

1．外植体的选择与消毒

首先要选择花大、花色艳丽、受市场欢迎的品种，然后选择无病虫害、植株生长健壮、花色纯正的优良单株进行取材。一旦选出优良单株后，应进行挂牌标记，并一直在其上采取花蕾。作为外植体的花蕾要选直径在 0.5～1.0 cm，而且未露心的小花蕾，太大或是太小的花蕾均不能获得满意的效果。将小花蕾在自来水下冲洗干净，然后到超净工作台上用 70%酒精浸泡 20s，再用 0.1%升汞溶液附加 0.5%吐温-20 处理 10～15 min，并不断摇动瓶子，以使消毒剂与幼花托充分接触，最后用无菌水冲洗 4 次。在无菌条件下，将幼花托的萼片及表面小花全部剥除，并切割成（0.2～0.3）cm×（0.2～0.3）cm 的块状，也可放入稀释的维生素 C 溶液中浸泡 1～2 min，减少褐变造成的死亡，再接种于诱导培养基中。

2．初代培养

初代培养基为 MS+6-BA 2.0 mg/L + NAA 0.2 mg/L，若在最初的 2～3 d 时间里选择暗培养，然后在正常的培养条件下进行培养，将减少外植体的褐变死亡。接种 7～10 d 后开始膨大，并在外植体表面产生黄白色的愈伤组织。15 d 后，多数愈伤组织逐渐转为绿色。将绿色的愈伤组织块分切成小块，接种到 MS 或 1/2 MS + 6-BA 1.0～5.0 mg/L + NAA 0.2～0.5 mg/L 诱导不定芽的培养基中。根据品种的不同，部分品种可在 1 个月后分化出不定芽，多数品种要经过不断转接 3～5 个月后才会出芽，有少数品种甚至要经过半年的不断转接和培养，仍然没有不定芽分化的迹象。由于整个诱导过程长而复杂，在培养过程中会因培养基和环境条件稍有不适，而出现花芽和愈伤组织褐变死亡和污染，最终导致植物组织培养失败。

3．继代培养

由于从花托上分化出不定芽的概率比较小，一旦有芽从花托上产生，就要及时从花托上分割下来并转移到 MS + 6-BA 0.2～1.0 mg/L + NAA 0.05～0.1 mg/L 继代培养基中进行快速扩大繁殖。最初的几代中，由于基数较少，可使 6-BA 的使用浓度提高到 2.0～3.0 mg/L 来尽快增殖，随着基数的不断增多，要逐渐降低 6-BA 的浓度，否则就会增加玻璃化植物组织培养苗的比例。非洲菊快速繁殖大多数是以增殖系数为主要或唯一测定指标，并通过生长调节剂浓度和比例来调控的，实际上在高生长调节剂浓度下的高增殖系数会对增殖试管苗的生根、驯化和移栽等生产后续环节产生不利影响，造成玻璃化试管苗增加和驯化移栽成活率低等问题，王春彦等提出用有效增殖（从生芽能够继续用于继代或转接的芽即为有效增殖）系数及丛生试管苗的生长状况为主要指标来指导生产进程。连续使用高浓度细胞分裂素，植物组织培养苗的叶片又嫩又脆容易脱落，且边缘有深的锯齿状裂刻，不易转接操作，可用 ZT 或 KT 与 6-BA 进行一定轮次的交替使用，增加生产的稳定性，降低无效苗的消耗。

4．生根培养

不定芽经过扩大繁殖和继代培养后，达到可维持一定生产量的增殖基数时，便可在每次继代培养时将苗高 2～3 cm 的单株切下，转入 1/2 MS + NAA 0.1 mg/L 或 IBA 0.3 mg/L 生根培养基中进行生根培养。7～8 d 后，小苗基部就会长出 3～5 条不定根，生根率可达到 98%以上，12～15 d 后，当根长达到 0.8～1.5 cm 时，就可以出瓶驯化；如果根太长，反而不利于驯化移栽。此外生根阶段所用的生长素浓度要低，若生长素浓度高，在 NAA 0.5 mg/L 以上，根系会又短又粗且愈伤化，在移栽的过程中极易脱落和腐烂。生长素浓度在 NAA 0.1 mg/L 以内时为佳。通过对培养瓶透气性、培养环境中 $CO_2$ 浓度、乙烯浓度以及培养温度、光照、光质等环境因素进行调节，植物组织培养苗的质量会有很大提高。移栽时用镊子将小苗从培养瓶内取出，并在水中洗去琼脂，栽入加有少量珍珠岩和腐叶土的混合基质内。如果有喷灌设施条件，则可以直接将瓶苗种植于成条的苗床上，只要注意遮阳，在喷雾条件下，一般成活率可以达到 95%以上。在没有自控温室的条件下，可进行人工环境管理，重点是空气相对湿度的管理，前期遮阳，后期适当增加光照，同样可以获得 90%以上的过渡成活率。

非洲菊驯化移栽采用的基质可依各地区资源而定，腐叶土、砻糠灰、锯木屑、菌糠、椰子壳等添加一定比例的蛭石均可达到 95%以上的驯化成活率。前期可以不用施肥，1 个月后可适当进行叶面追肥，在整个过程中都要加强病虫害的防治工作。

## 复习思考题

1. 兰科花卉组织培养成苗途径有哪些？影响兰科花卉组织培养的主要因素有哪些？

2. 非洲菊组织培养如何选择外植体？

# 实训 5-1　百合鳞茎的组织培养

## 一、目的要求

学习和掌握百合鳞茎培养的基本方法和技术。

## 二、材料和用具

1. 材料

百合。

2. 仪器

超净工作台、灭菌锅、解剖刀、长把镊子、烧杯（500 ml）、培养皿、移液管等。

3. 试剂

75%酒精、0.1%升汞；MS 培养基：MS+NAA（或 2,4-D 及 IBA）0.5～1.0 mg/L + BA（或 KT）0.1～1.0 mg/L。

## 三、方法步骤

1. 外植体消毒

取健康的百合鳞片，先用洗涤剂清洗干净，再用 75%酒精消毒 30 s 和 0.1%升汞消毒 30 min 左右，最好加一点吐温以得到良好的消毒效果，再用无菌水冲洗 3 次。较大鳞片可切成小切块以备接种。

2. 外植体的接种和培养

将消毒后的鳞片小切块，在无菌条件下直接接种于固体培养基中培养。培养室温度一般为 25℃，每天光照 10 h 左右。光照度为 1 000～1 500 lx。

3. 培养基的选用

培养基一般以 MS 培养基为主，只要附加适当的植物激素即可。生长素一般用 NAA（或 2,4-D 及 IBA）0.5～1.0 mg/L。细胞分裂素一般用 BA（或 KT）0.1～1.0 mg/L。为了促进根系和增加鳞茎重量，可考虑光暗交替培养和适当增加生长素的浓度。

4. 试管苗的诱导

（1）由鳞片小切块诱导成苗。鳞片小切块接种后，一般先分化出黄绿色或绿色的球形突起的小芽点，继而芽点逐渐增大长成小鳞茎，并可生长出叶片，形成苗丛，生根后即可以从试管（或三角瓶）中取出，移栽于营养钵或大田。也可将小鳞茎继代培养扩大繁殖。

（2）由叶片诱导成苗。用鳞片小切块诱导分化出的苗丛，在超净台上取其无菌叶片，接种于培养基中，培养半个月后即可分化出带根的小鳞茎。培养两个月后，每个单叶片形成的小鳞茎一般又可分化出带有根系的丛生小鳞茎 4～6 个。叶片培养可直接插入培养基中，但要注意极性，不可倒置。叶片也可平放于培养基中培养。

（3）由无菌小鳞片诱导成苗。利用试管中的无菌小鳞茎，在超净台上将小鳞片逐片接种于培养基中（鳞片基部向下或内侧面向上）。培养半个月左右即可开始分化，培养一个月左右即可分化出小鳞茎和根系，培养两个月后，每个小鳞片一般又可分化出带有根系的丛生小鳞茎 4～6 个。

（4）由愈伤组织诱导成苗。上述外植体在分化成苗的过程中，常常也可伴随着增殖具有颗粒状似胚性细胞团的愈伤组织。该愈伤组织在连续不断的继代培养中，一方面继续不断地增殖相似的愈伤组织，另一方面又不断地分化成苗。一般每个试管里的愈伤组织可分化成苗 20～40 个。这样即可周而复始地分化出大量的试管苗。

### 四、作业

写出外植体不同发育途径的观察报告。

## 实训 5-2　叶片的组织培养

### 一、目的要求

通过叶片的培养，掌握蝴蝶兰增殖和快繁技术。

## 二、材料与用具

1. 材料

3～4 个月的兰花实生苗叶片。

2. 仪器

超净工作台、灭菌锅、显微镜、解剖刀、长把镊子、烧杯（500 ml）、9 cm 培养皿、移液管等。

3. 试剂

培养基：MS + 6-BA 10 mg/L + NAA 5 mg/L+10%苹果汁 ＋ 蔗糖 30 g/ L ＋ 琼脂 10 g/ L 。

## 三、方法步骤

1. 接种环境的消毒，接种室和超净工作台的灭菌和消毒。

2. 用刀片将 3～4 个月的兰花试管实生苗叶片切成长、宽各为 3～4 mm 的小块，接种到已配制好的诱导培养基上。培养条件为：温度 25℃，光照强度 500 lx，光照时间每天 16 h。

3. 大约 3 个月后长出淡绿色的原球体，转入原球体增殖培养基上培养。4～5 个月后原球体长至 2～3 mm，并且上面长出 1～2 mm 小叶。切掉小叶继续在增殖培养基上培养，增殖培养基为：MS + 6-BA 1 mg/L + NAA 0.5 mg/L + 10%的苹果汁 ＋ 蔗糖 30 g/ L ＋ 琼脂 10 g/ L 。

4. 原球体每隔 2.5～3 个月就继代培养一次。

5. 当原球茎达到一定数量时，就可进行幼苗的培养，当叶片长到 2～3 cm，根长 2.5～3.5 cm 时，就可驯化移栽。栽培基质一般选择透气性很好的苔藓。

## 四、作业

用兰花叶片组培快繁的注意事项。

# 实训 5-3 非洲菊花托培养技术

## 一、目的

掌握非洲菊花托培养的主要技术。

## 二、材料与用具

超净工作台、70%酒精、95%酒精、0.1%升汞或 10%漂白粉、盛有培养基的培养瓶、接种器械、酒精灯、无菌水等。

## 三、方法步骤

1．接种材料

花托。

2．培养条件

基本培养基：MS 或 1/2 MS。

诱导培养基：（1）MS（或 1/2 MS）+ 6-BA 10 + NAA 1；

（2）MS（或 1/2 MS）+ 6-BA7 + NAA0.7；

（3）MS（或 1/2 MS）+ 6-BA5 + NAA0.5；

（4）MS（或 1/2 MS）+ 6-BA2 + NAA0.2。

增殖培养基：MS + 6-BA0.1-0.5 + NAA0.01-0.05。

生根培养基：MS。

以上培养基都加 3% 蔗糖、0.4% 琼脂粉，pH 5.8。

温度 25℃，光照 12～14 h/d，光照强度 1 400～1 600 lx。

3．消毒

取直径 0.7～1.0 cm; 自来水冲洗; 70%酒精浸 30 s; 无菌水冲 1 次; 0.1% $HgCl_2$ 浸 5～8 min；无菌水冲 6 次。将花托用无菌滤纸吸干，去除萼片、管状花和舌状花，切成 2～4 块，接种于诱导培养基上。

4．将无根苗接于 MS 培养基上，7 d 后生根率达 80%，且根系正常，此时移栽成活率最高。

5．生根的无菌苗；洗净；植于河沙、园土和园土+菌渣+煤渣+有机肥（2∶2∶2∶1）3 种基质中；遮阳保湿 7 d，45 d 后统计成活率。据报道这 3 种基质炼苗后成活率均在 90%以上，以第 3 种最好，达 96.6%。

## 四、观察与分析

接种一周后，观察污染情况；以后每隔一周观察接种材料的生长情况，直至长成小植株。

# 项目六　果蔬组织培养技术

**学习目标：**

1．了解植物组织培养激素在果树生产中的应用。

2．掌握常见植物的脱毒与快繁方法。

## 工作任务 1　草莓脱毒与快速繁殖技术

草莓是蔷薇科草莓属多年生草本植物，又名洋莓、红莓、地莓等。原产于欧洲，20 世纪初传入我国而风靡华夏。草莓外观呈心形，其色鲜艳，果肉多汁，酸甜适口，芳香宜人，营养丰富，故有“水果皇后”之美誉。

### 一、形态特征与生物学习性

草莓植株矮小，有短粗的根状茎，逐年向上分出新茎，新茎具长柄三出复叶。聚伞花序顶生，花白色或淡红色。花谢后花托膨大成多汁聚合果，红色或白色，球形、卵形或椭球形，其中着生多数种子状的小瘦果。草莓喜温暖湿润和适宜阳光，生长的最适温度为 15～90℃，不耐严寒、干旱和高温。根系由新茎和根状茎上的不定根组成。根状茎 3 年后开始死亡，以第 2 年产量最高，3 年后降低。草莓秋季用匍匐茎繁殖，露地和温室保护地栽培均可。

### 二、草莓组织培养

1．无菌体系的建立

草莓热处理脱毒一般是将草莓植株在 38～41℃下处理 4～6 周。但此法高温脱毒的时间长、效果差，而且长时间下处于高温下易死亡，需要对其根进行降温处理，操作烦琐。因此，草莓脱毒很少单独使用高温处理，大多是将高温处理与微茎尖培养脱毒相结合。茎尖培养结合热处理可脱除茎尖培养脱除不掉的病毒，提高脱毒率和成苗率，而且操作简单，能大大提高功效，这是目前最常用的脱毒方法。

（1）外植体的选取、灭菌和接种。实验前，选择生长健壮的草莓幼苗定植于花盆中，培养 1～2 个月，待其长出数片老叶，将种植草莓的花盆用塑料薄膜包住置于人工气候箱内，每天在 40℃ 下处理 16 h，35℃下处理 8 h，共处理 4～5 周，或者在 38℃恒温处理 12～50 d，时间视病毒种类而定。

待草莓长出嫩枝后，剪取热处理后新生 0.2～1 mm 大小的茎尖，用自来水流水冲洗 2～4 h，然后剥去外层叶片。在无菌条件下，用 0.1%氯化汞溶液表面消毒 8～10 min，并不停地搅动促进药液的渗透。在无菌条件和立体显微镜下剥取茎尖分生组织，以带有 1～2 个叶原基的茎尖为好（0.3～0.5 mm），迅速接入培养基中。

（2）培养基及培养条件。草莓茎尖培养一般用 MS、White 等培养基作为基本培养基，附加植物生长调节剂 6-BA 0.2～2.0 mg/L、NAA 0.01～0.2 mg/L、IAA 0.5～2.0 mg/L。不同草莓品种及取材时间不同，激素的用量不同，这主要是植物体内的内源激素含量不同所致。培养温度为 22～25℃，日照 10～16 h，光照强度 1 000～3 000 lx。

2．初代培养

草莓茎尖经 2～3 个月的培养，可生长分化出芽丛，一般每簇芽丛含 20～30 个小芽为宜。注意在低温和短日照下，茎尖有可能进入休眠，所以较高的温度和充足的光照时间必须保证。

3．继代培养

将鉴定为无病毒苗的草莓试管苗培养的芽丛切割成含 2～3 个芽丛小块，转入继代培养基中进行扩大繁殖培养，增殖系数一般以 5～8 为宜。继代培养基以 MS 为基本培养基，附加 6-BA 0.5～1.0 mg/L。培养温度为 22～25℃，日照 10～16 h，光照强度为 1 000～3 000 lx。待苗长大到 1～2 cm 时，再将芽丛分成小块，再转入前述的继代培养基中，又会重复上述过程，达到扩大繁殖草莓无病毒苗的目的。

4．生根培养

草莓试管苗生根既可以在培养瓶中进行，也可以在瓶外进行。为了获得健壮整齐的再生植株，应将芽丛分割，2～3 cm 高的单株接种于生根培养基上。生根培养基一般采用 MS 或 1/2 MS，培养基中加入 NAA 0.1～0.5 mg/L 或 IBA 1.0 mg/L，使根整齐。培养条件：温度 20～25℃，光照时间 12 h/d，光照强度 1 500～2 000 lx。由于草莓地下部分生长加快，发根力较强，也可将具有两片以上正常叶的新茎从试管中取出进行试管外生根。

5．试管苗驯化与移栽

（1）试管苗驯化与移栽过程。待草莓组织培养苗生根培养至苗高 3～4 cm 时，将瓶苗移至温室炼苗一周，3～4 d 后将瓶盖除去。然后用镊子把草莓苗从试管瓶中取出，洗掉根系附带的培养基，移栽到附有基质的塑料营养钵，内装消过毒的等量的腐殖土和河沙。移栽后的试管苗要在湿度较大的空间内培养，一般加设小拱棚保湿，并经常浇水，保证棚内湿度 85%以上，温度 22～25℃。7～10 d 试管苗生出新叶和新根后，逐渐降低湿度和土壤含水量，增加光照，促进幼苗生长。经过 20～30 d 的驯化，试管苗就可以移栽至大田。

（2）试管苗驯化移栽管理。草莓试管苗驯化移栽除了光、温度、湿度等的管理外，还要防止蚜虫的危害，以避免无病毒苗的再次污染。草莓病毒主要是蚜虫传播的。草莓病毒通过蚜虫吸吮汁液而得到传播，短时间即可完成。防治时可使用马拉松乳剂、氧化乐果乳剂等接触杀虫剂，防治期为 5—6 月和 9—10 月，特别是 9—10 月可防止蚜虫的越冬。为保证种苗无病毒，在原种种苗生产阶段，应在隔离网室中进行。传播草莓病毒的蚜虫较小，可以通过大于 1 mm 网眼，故应采用 0.4～0.5 $mm^2$ 的规格，其中以 300 号防虫网为好。

## 工作任务 2　马铃薯脱毒与快速繁殖技术

马铃薯是一种全球性的重要作物，在我国分布也很广，种植面积占世界第二位。由于其生长期短、产量高、适应性广、营养丰富、耐贮藏运输，因而成为高寒冷凉地区的重要粮食作物之一，也是一种调节市场供应的重要蔬菜。

马铃薯在种植过程中易感染病毒，危害马铃薯的病毒有 17 种之多。由于马铃薯是无性繁殖作物，病毒在母体内增殖、转运和积累于所结的薯块中，并且世代传递，逐年加重。马铃薯卷叶病毒和马铃薯 Y 病毒的一些株系，常使块茎产量减少 50%～80%。我国马铃薯皱缩花叶病分布普遍，由此造成的减产达 50%～90%，病毒危害一度成为马铃薯的不治之症。

从 20 世纪 70 年代开始，利用茎尖分生组织离体培养技术对已感染的良种进行脱毒处理，并在离体条件下生产微型薯和在保护条件下生产小薯再扩大繁育脱毒薯，对马铃薯增产效果极为显著。把茎尖脱毒技术和有效留种技术结合应用，并建立合理的良种繁育体系，是全面大幅度提高马铃薯产量和质量的可靠保证。

### 一、茎尖脱毒技术

1．材料选择和灭菌

在生长季节，可从大田取材，顶芽和腋芽都能利用，顶芽的茎尖生长要比取自腋芽的快，成活率也高。为便于获得无菌的茎尖，常把供试植株种在无菌的盆土中，放在温室进行栽培。对于田间种植的材料，还可以切取插条，在实验室的营养液中生长。取这些插条的腋芽长成的枝条，比直接取自田间的枝条污染要少得多。

消毒的方法是将顶芽或侧芽连同部分叶柄和茎段一起在 2%次氯酸钠溶液中处理 5～10 min，或先用 70%酒精处理 30s，再用 10%漂白粉溶液浸泡 5～10 min。然后用无离子水冲洗 2～3 次。消毒效果可达 95%以上。

2．茎尖剥离和接种

消毒好的茎尖放在超净工作台 40 倍的双筒解剖镜下进行剥离，一只手用镊子将茎芽按住，另一只手用解剖针将幼叶和大的叶原基剥掉，直至露出圆亮的生长点。用自制的解剖刀将带有 1～2 个叶原基的小茎尖切下，迅速接种到培养基上。

3．茎尖培养

马铃薯的茎尖培养，MS 和 Miller 基本培养基都是较好的培养基，而且附加少量（0.1～0.5 mg/L）的生长素或细胞分裂素或两者都加，能显著促进茎尖的生长发育，其中生长素 NAA 比 IAA 效果更好。少量的赤霉素类物质（0.8 mg/L），在培养前期有利于茎尖的成活和伸长，但如浓度过高或使用时间过长，会产生不利影响，使茎尖不易转绿，最后叶原基迅速伸长，生长点并不生长，整个茎尖变褐而死。马铃薯茎尖分生组织培养，一般要求培养温度（22±2）℃，光照度前 4 周是 1 000 lx，4 周后增加至 2 000～3 000 lx，光照为 16 h/d。

4．病毒检测

成苗后要按照脱毒苗质量监测标准和病毒检测技术规程进行病毒检测，检测无毒的为脱毒苗，转入快繁培养基，切段快繁。

5．生根培养

如果作生根培养，可待苗长至 1～2 cm 高时，转入生根培养基（MS + IAA 0.1～0.5 mg/L+活性炭 1～2 000 mg/L），培养 7～10 d 生根。

## 二、影响茎尖脱毒的因素

1．茎尖大小

马铃薯茎尖培养脱毒的效果，与茎尖大小直接相关，茎尖越小则脱毒效果越好，但再生植株的形成也较困难。病毒脱除的情况也与不同种类的病毒有关，如由带 1 个叶原基的茎尖培养所产生的植株，可全部脱除马铃薯卷叶病毒，80%的植株脱除马铃薯 A 病毒和 Y 病毒，约 50%的植株可脱除马铃薯的 X 病毒。

马铃薯茎尖培养，去除病毒的困难程度按下列顺序递增：马铃薯卷叶病毒（PLRV）、马铃薯 A 病毒（PVA）、马铃薯 Y 病毒（PVY）、马铃薯奥古巴花叶病毒（PAMV）、马铃薯 M 病毒（PVM）、马铃薯 X 病毒（PVX）、马铃薯 S 病毒（PVS）

和马铃薯纺锤块茎病毒（PSTV）。该顺序也不是绝对的，因品种、培养条件、病毒的不同株系等有所变化。

2. 热处理

许多研究证明，马铃薯品种经严格的茎尖脱毒培养后仍然带毒，其原因并不是因为操作不严或后期感染所致，而是因为某些病毒也能侵染茎尖分生区域，如PSTV用茎尖培养法很难获得无病毒苗，PVX和PVS用常规的茎尖培养法脱毒率也仅在1%以下。另一个原因是品种同时感染了几种病毒。这样两种情况下都不能仅仅通过茎尖培养来消除病毒，而热处理却可大大提高脱毒率。因此，采用热处理法与茎尖培养相配合，才能达到彻底清除病毒的目的。具体方法是将块茎放在暗处，使其萌芽，伸长1～2 cm时，用35℃的温度处理1～4周，处理后取尖端5 mm接种培养；或发芽接种后再用35℃处理8～18周，然后再取尖端培养，对于PVX和PVS脱毒效果较为理想。为彻底清除PSTV，需对植株采用两次热处理，然后再切取茎尖进行培养。第一次是2～14周的热处理，经茎尖培养后，选只有轻微感染的植株再进行2～12周的热处理，经两次处理产生的部分植株就会完全不带PSTV。

连续高温处理，特别是对培养茎尖连续进行高温处理会引起受处理材料的损伤，因此若要消除PLRV，采用40℃（4 h）和20℃（20 h）两种温度交替处理，比单用高温处理的效果更好。

## 三、微型薯生产技术

由试管苗生产的重1～30 g的微小马铃薯，被称为微型薯。作为种薯的微型薯不带病毒，质量高，具有大种薯生长发育的特征、特性，能保证马铃薯高产不退化，增产效果一般在40%以上。微型种薯是马铃薯良种繁育的一项改革。许多国家已经在马铃薯良种繁殖体系中采用微型薯生产方法，并且以微型薯的形式作为种质保存和交换的材料。

组织培养生产微型薯要求条件较严格，费用较高，但产品的质量好，整齐度一致，一般只有1～5 g。由于是在三角瓶中培养，因此可作为不带病原菌的原种使用，或作为基础研究材料和病原鉴定的实验材料。

### （一）单茎段扩大繁殖

将脱毒试管苗的茎切段，每个茎段带有1～2个叶片和腋芽，每个三角瓶中接4～5个茎段进行培养。培养条件是22℃，光照16 h/d，光照度1 000 lx。国内外常采用的培养基如下。

1．MS + 3%蔗糖 + 0.8%琼脂。

2．MS + 2%蔗糖。

3．MS + CCC 50 mg/L + BA 6.0 mg/L + 0.8%琼脂或 MS +（50～100）mg/L 香豆素。

4．MS + 3%蔗糖 + 4%甘露醇 + 0.8%琼脂。

在此条件下，由腋芽形成的小植株生长很快。当小植株长到 4～5 cm 时，就可以进行第二步培养。

（二）微型薯诱导

微型薯要求有一定量的激素，并且要在黑暗条件下。激素的需求量和种类在不同的研究报道有所不同。从微型薯的形成时间和数目综合比较，以国际马铃薯中心（CI）研究并推广的方法为好，但这一方法在实践中难以被接受，原因是 CCC 和 BA 价格昂贵。与单茎段扩大繁殖不同，微型薯诱导必须在黑暗条件下进行，否则只有植株生长，而没有小薯形成。培养温度要求为 22℃。

（三）温室生产微型薯

单纯依靠科研单位生产微型薯原种已不能满足生产的需要。为了解决这一问题，研究人员专门设计了通过温室多层架盘生产微型薯的方法。

温室多层架盘工厂化生产的方法是：在温室 4～6 层育苗架上放育苗盘，基质可以是蛭石等。将三角瓶繁殖的脱毒苗以单茎段或双芽茎段扦插，然后在人工控制的温度和光照下经 60～90 d 即可收获微型薯。扦插时以 3 mg/L GA + 5 mg/L NAA 浸泡茎段，扦插苗成活率达 98%。

## 复习思考题

1．草莓离体快繁有哪些技术要点？

2．如何进行马铃薯脱毒微型薯生产？

3．如何进行甘薯脱毒苗的扩繁及种薯生产？

# 实训 6-1　草莓茎尖脱毒培养技术

## 一、目的要求

掌握草莓茎尖脱毒培养的一般操作技术。

## 二、材料与用具

草莓匍匐茎、0.5%次氯酸钠、无菌水、超净工作台、解剖镜、镊子、解剖针、长柄刀片、MS 固体培养基（内加有 BA 0.5 mg/L、NAA 0.05 mg/L 和蔗糖 30 mg/L）等。

## 三、方法步骤

1．取材

从生长到 15～20 cm 的健壮植株上，剪取长 5 cm 左右，带有顶端的匍匐茎，用流水冲洗，除去尘土。

2．消毒

在无菌室内，用 0.5%次氯酸钠溶液对材料进行表面消毒 5～7 min，并不停地搅动，再用无菌水冲洗 4 次。

3．接种

在无菌条件下，剥去茎尖外面的幼叶，切取长 0.3～0.5 mm 的茎尖，接种到预先配制好的培养基上（每人接种 4～10 瓶）。

4．培养

把接种后的草莓茎尖放在培养室中培养，保持 22～25℃的温度和每天 16～18 h 的光照，光强 3 000 lx。

## 四、作业

接种一周后，观察污染情况；以后每周观察一次，直至长成小植株。

# 实训 6-2 马铃薯茎尖脱毒培养技术

## 一、目的要求

掌握马铃薯茎尖消毒、接种和培养的基本技术。

## 二、材料与用具

马铃薯茎尖培养材料、超净工作台、70%的酒精、5%漂白粉溶液、无菌水、双筒实体显微镜、镊子、解剖针、长柄刀片、MS 培养基等。

## 三、方法与步骤

1．消毒

除去茎尖外部的易除叶片，用自来水冲洗干净。在无菌室中，先将茎尖在70%的酒精中浸泡一下，再用 5%漂白粉溶液浸泡 5～10 min。用无菌水将茎尖冲洗 3 次。

2．接种

在超净工作台中，把消毒好的茎尖放在双筒实体显微镜下；左手用一把镊子将茎尖按住，右手用解剖针将叶片和叶原基剥掉；用锋利的长柄刀片切取顶端0.2～0.5 cm 长的茎尖；将切取下来的茎尖接种到培养基上（每人接种 4～10 瓶）。

3．培养

把接种后的茎尖置于培养室进行培养；培养室的温度调节到25℃左右，光强2 000 lx，光照 16 h/d。

## 四、作业

接种一周后，观察污染情况；以后每周观察一次，直至长成小植株。

# 实训 6-3　西葫芦子房的培养

## 一、目的要求

1．学习植物子房剖离技术。

2．掌握子房培养获得多倍体植株的方法。

## 二、材料与用具

1．材料

未开放的西葫芦花蕾。

2．仪器

超净台、灭菌锅、解剖刀、长把镊子、烧杯、培养皿、移液管等。

3．试剂

MS 大量元素母液、MS 微量元素母液、MS 铁盐母液、MS 有机物母液、各种植物激素贮备液、蔗糖、琼脂、0.1 mol NaOH 溶液、0.1 mol HCl 溶液、75%酒精、0.1 L 汞溶液等。

## 三、方法步骤

1．取开花前 3～5 d 的未授粉的西葫芦花蕾，置于流水下冲洗 0.5～1 h。

2．在超净台上，先用 75%的酒精浸泡西葫芦花蕾 30～60 s，再用 0.1%的升汞浸泡 3～5 min，最后用无菌水冲洗 3～5 次，无菌滤纸吸干水分后备用。

3．在无菌条件下剖开花蕾，用镊子取出子房，竖直接种到培养基中。

4．将接种后的材料温度为 25℃左右、相对湿度 50%～60%，每天光照 12～16 h 的培养室内培养。

## 四、作业

写出西葫芦子房培养的观察记录。

# 实训 6-4 苹果胚培养

## 一、目的要求

1．学会种子胚的剥离方法。

2．掌握胚培养的基本过程。

## 二、材料与用具

1．材料

经层积处理成熟饱满的苹果种子。

2．仪器工具

超净工作台、高压蒸汽灭菌锅、烘箱、光照培养箱或恒温室、酸度计或 pH 试纸、电子天平、微量吸液管若干、双筒解剖镜、漏斗直径 6～8 cm 和 12～14 cm 各两只、500 ml 和 1 000 ml 试剂瓶若干只、培养皿、解剖刀、镊子。

3．试剂

MS 培养基母液、各种植物激素贮备液、蔗糖、琼脂、0.1 mol NaOH 溶液、0.1 mol HCl 溶液、次氯酸钠溶液、75%酒精溶液。

## 三、方法与步骤

1．配制培养基

配制 MS 培养基 1 L，分装至 50 只三角瓶中，高压灭菌后备用。

2．材料处理

将经层积处理的苹果成熟饱满的种子放在蒸馏水中浸 12 h，用 70%酒精浸泡消毒 10s，然后用 12%～14%次氯酸钠灭菌 15 min，再经无菌水冲洗 3 次。

3．剥离与接种

将一粒种子置于无菌培养皿中，用镊子夹住，用解剖刀先将种皮划破，再用另一把镊子轻轻把种皮剥去，用解剖刀沿胚胎的边缘小心地剥去胚乳。分离出胚后，用无菌水将每一个胚胎冲洗 3 次，然后接种于培养基中。

4．培养

将培养瓶置于黑暗中培养，保持温度 25℃，3～4 d 后，转入光下培养，观察其生长状况。

5．试管苗移栽

待苗长成后，移入温室内盛有蛭石的育苗穴盘中，盖上塑料保温、保湿，一周后打开一个 3～5 mm 的小缝通风，以后每天加大通风缝，直到揭去塑料。当长出新叶时，即可移入大田。

## 四、作业

观察胚胎的生长情况，并做详细记录。

# 实训 6-5　黄瓜下胚轴愈伤组织的诱导

## 一、目的要求

1．学习黄瓜下胚轴组织培养操作技术。

2．了解胚轴培养外植体发育途径。

## 二、用品

1．材料

黄瓜种子。

2．仪器

超净工作台、手术剪、镊子、酒精灯、培养皿、广口瓶、纱布、脱脂棉、三角瓶、高压灭菌锅、电饭锅、电子天平等。

3．试剂

MS 培养基、70%酒精、0.1%升汞、2,4-D、NAA、6-BA、无菌水等。

## 三、方法步骤

1．培养基的配制和灭菌

采用 4 种培养基：（1）MS + 2,4-D 1.0 + 6-BA 0.5；

（2）MS + NAA1.0 + 6-BA 0.5；

（3）MS + 2,4-D 1.0 + NAA 1.0 + 6-BA 0.5；

（4）MS + 2,4-D 1.0 + NAA 1.0。

灭菌之前用 1 mol/L NaOH 将培养基的 pH 调整到 6.0 左右。灭菌后，然后分装到 100 ml 三角瓶，每瓶分装培养基 20～30 ml。

2．无菌苗的制备

选取健康饱满的黄瓜种子，剥去种皮，在无菌条件下用 0.1%升汞浸泡消毒 3～5 min，再用无菌水洗涤 4～5 次，接种到含有培养基的三角瓶中。每瓶接种一粒，置于光下培养。

3．下胚轴的接种

选取苗龄 7 d 生长整齐的无菌苗，在超净台上切除子叶和胚根，保留下胚轴。然后将下胚轴剪成 5 mm 左右的小段，接种到已准备好的培养瓶中，每瓶接种 3 段。每种培养基接种 40 瓶。

4．培养条件

将材料置于培养室内培养。培养室的温度保持 28℃左右，光强 2 000 lx，每天光照 14 h。

5．观察

定期观察愈伤组织的生长情况，并详细记录材料生长、分化及污染情况等。在培养 7 d 时统计污染率，并将污染的培养物交给指导老师。当培养 21 d 时，统计愈伤组织的诱导率和根分化率，并测定愈伤组织的生长量。

## 四、作业

整理资料：

按以下公式计算出愈率、根分化率、污染率和愈伤组织生长量。

出愈率＝发生愈伤组织的下胚轴数目 / 接种的下胚轴总数目×100%

根分化率＝分化根的下胚轴数目 / 下胚轴的总数目×100%

污染率＝污染瓶数 / 接种瓶数×100%